認定年月日	平成4年7月15日
職業訓練の種類	普通職業訓練
訓練課程の種類	短期課程 二級技能士コース

二級技能士コース
機 械 加 工 科

〈指導書〉

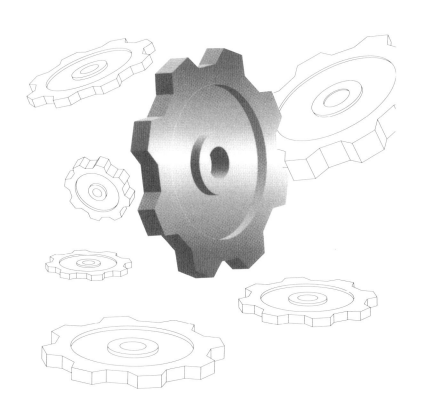

職業能力開発総合大学校 能力開発研究センター編

は　し　が　き

　この指導書は，技能者が二級技能士課程に使用する「機械加工科（選択：旋盤加工法及びフライス盤加工法）」教科書を学習するにあたって，その内容を容易に理解することができるように，学習の指針として編集したものである。したがって，訓練受講者が自学自習するにあたっては，まず指導書により該当するところの「学習の目標」及び「学習のねらい」をよく理解した上で学習を進め，まとめとして章ごとの問題を解いていけば，学習効果を一層高めることができる。

　なお，この指導書の作成にあったては，次のかたがたに作成委員としてご援助をいただいたものであり，その労に対し，深く謝意を表する次第である。

（作成委員）	（順不同）
村　上　正　也	月島プラント工事株式会社
河　原　久　忠	（元）職業訓練研究センター
公　平　富　市	（元）東京職業訓練短期大学校
御　正　隆　信	（前）中央労働災害防止協会
大　熊　　雅	日立精機株式会社
宮　本　健　二	東京職業能力開発短期大学校

（委員の所属は執筆当時のものです）

雇用・能力開発機構
職業能力開発総合大学校
能力開発研究センター

指導書の使い方

　この指導書は，次のような学習指針に基づき構成されているので，この順序にしたがった使い方をすることにより，学習を容易にすることができる。

1．学習の目標

　　学習の目標は，教科書の各編（科目）の章ごとに，その章で学ぶことがらの目標を示したものである。

　　したがって，受講者は学習の始めにまず，その章の学習の目標をしっかりつかむことが必要である。

2．学習のねらい

　　学習のねらいは，学習の目標に到達するために教科書の各章の節ごとにこれを設け，その節で学ぶ内容について主眼となるような点を明かにしたものである。

　　したがって，受講者は学習の目標のつぎに学習のねらいによって，その節でどのようなことがらを学習するかを知ることが必要である。

3．学習の手びき

　　学習の手びきは，受講者が学習の目標や学習のねらいをしっかりつかんで教科書の各章および節の学習内容について自学自習する場合に，その内容のうちに理解しにくい点や疑問の点，あるいはすでに学習したことの関係などわかりにくいことを解決するため，教科書の各章の節ごとに設け，学習しやすいようにしたものである。

　　したがって，受講者はこれを利用することによって，教科書の学習内容を深く理解することが必要である。

　　ただし，教科書だけの学習で理解ができる内容については，学習の手びきを省略したものもある。

　　なお，学習の手びきで特に留意した点を示すと，

(1) 教科書の中で説明が不十分なところ，あるいは理解が困難と思われるところについて，補足的説明をしたこと。
(2) 学習を進めるときに，簡単な実験，実習を行なったり，また工場の見学などで実習効果を高められると考えられる場合は，その要点を説明したこと。
(3) 教科書で学習するとき，図，写真，グラフ，表などを見ただけでは理解しにくいものについては，さらに写真や表を補足したり，説明を加えたこと。
(4) 教科書に使用された，各種の難解な用語などについて，これを解説したこと。

などである。

4．学習のまとめ

　学習のまとめは，受講者が学習事項を最後にまとめることができるように教科書の各項の章ごとに設けたものである。したがって，受講者はこれによって，その章で学んだことが，確実に理解できたか，疑問の点はないか，考え違いや見落としたものはないか，などを自分で反省しながら学習内容をまとめることが必要である。

5．学習の順序

　教科書およびこの書を利用して学習する順序をまとめてみると，つぎのとおりになる。

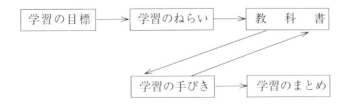

【共通】

目　　　次

第1編　工作機械加工一般

第1章　工作機械の種類および用途 …………………………………………………… 4
　第1節　工作機械一般 ………………………………………………………………… 5
　第2節　各種工作機械 ………………………………………………………………… 6
第2章　バイト，フライス，ドリル，研削といしの種類および用途 ……………… 8
　第1節　バイト ………………………………………………………………………… 9
　第2節　フライス ……………………………………………………………………… 9
　第3節　ドリル ………………………………………………………………………… 10
　第4節　研削といし …………………………………………………………………… 10
　第5節　刃物およびと粒の切削作用 ………………………………………………… 11
第3章　切 削 油 剤 ……………………………………………………………………… 13
　第1節　切削油剤一般 ………………………………………………………………… 13
　第2節　切削油剤の種類および用途 ………………………………………………… 13
　第3節　切削油剤の選択 ……………………………………………………………… 14
　第4節　切削油剤の取扱い …………………………………………………………… 14
第4章　潤　　滑 ………………………………………………………………………… 16
　第1節　潤滑の目的と効果 …………………………………………………………… 16
　第2節　摩擦の種類と潤滑 …………………………………………………………… 16
　第3節　潤滑剤の性質，種類および用途 …………………………………………… 17
　第4節　潤滑法（給油法） …………………………………………………………… 17
　第5節　潤滑管理 ……………………………………………………………………… 18
第5章　油圧装置 ………………………………………………………………………… 19
　第1節　油圧の概要 …………………………………………………………………… 19

第2節 油圧の基礎 ……………………………………………………… 19
  第3節 油圧油 …………………………………………………………… 20
  第4節 油圧機器 ………………………………………………………… 20
  第5節 油圧基本回路 …………………………………………………… 26
  第6節 油圧の保守管理 ………………………………………………… 26
  第7節 油圧および空気圧用図記号 …………………………………… 27
第6章 ジグ,取付け具一般 ………………………………………………… 29
  第1節 ジグ,取付け具一般 …………………………………………… 29
  第2節 ジグ,取付け具の構造上具備すべき条件 …………………… 30
  第3節 工作機械で使われるジグ,取付け具 ………………………… 30
第7章 工作測定の方法 ……………………………………………………… 32
  第1節 測定の基礎 ……………………………………………………… 32
  第2節 長さの測定 ……………………………………………………… 33
  第3節 角度の測定 ……………………………………………………… 36
  第4節 表面粗さの測定 ………………………………………………… 37
  第5節 形状および位置の精度の測定 ………………………………… 39
  第6節 ねじの測定 ……………………………………………………… 40
第8章 品質管理 ……………………………………………………………… 43
  第1節 品質管理一般 …………………………………………………… 43
  第2節 品質管理用語（統計的な考え方）…………………………… 44
  第3節 管理図 …………………………………………………………… 45
  第4節 抜取り検査 ……………………………………………………… 46

第2編　機　械　要　素

第1章 ねじおよびねじ部品 ………………………………………………… 49
  第1節 ねじの原理 ……………………………………………………… 49
  第2節 ねじの基礎 ……………………………………………………… 49
  第3節 ねじ山の種類と用途 …………………………………………… 50
  第4節 ねじ部品 ………………………………………………………… 50

第5節　座　金 ……………………………………………… 51
　第2章　締結用部品 …………………………………………… 52
　　第1節　キー ………………………………………………… 52
　　第2節　コッタ ……………………………………………… 52
　　第3節　ピ　ン ……………………………………………… 53
　　第4節　止め輪 ……………………………………………… 53
　　第5節　リベットおよびリベット継手 …………………… 53
　第3章　軸および軸継手 ……………………………………… 55
　　第1節　軸 …………………………………………………… 55
　　第2節　軸継手 ……………………………………………… 55
　第4章　軸　受 ………………………………………………… 57
　　第1節　すべり軸受 ………………………………………… 57
　　第2節　転がり軸受 ………………………………………… 57
　第5章　歯　車 ………………………………………………… 59
　　第1節　歯車の歯形 ………………………………………… 59
　　第2節　歯車の種類 ………………………………………… 59
　　第3節　歯車各部の名称 …………………………………… 60
　第6章　ベルトおよびチェーン ……………………………… 61
　　第1節　ベルトおよびベルト車 …………………………… 61
　　第2節　チェーンおよびスプロケット …………………… 61
　第7章　ば　ね ………………………………………………… 63
　　第1節　ばねの種類と用途 ………………………………… 63
　第8章　摩擦駆動および制動 ………………………………… 64
　　第1節　摩擦駆動 …………………………………………… 64
　　第2節　摩擦制動 …………………………………………… 64
　第9章　カムおよびリンク装置 ……………………………… 65
　　第1節　カ　ム ……………………………………………… 65
　　第2節　リンク装置 ………………………………………… 65
　第10章　管および管継手 ……………………………………… 67
　　第1節　管 …………………………………………………… 67

第2節　管継手 ………………………………………………………………… 67
第11章　バルブおよびコック ……………………………………………………… 68
　　第1節　バルブ ………………………………………………………………… 68
　　第2節　コック ………………………………………………………………… 68
　　第3節　密封装置 ……………………………………………………………… 69

第3編　機械工作法

第1章　けがき ……………………………………………………………………… 71
　　第1節　けがき作業用工具と塗料 …………………………………………… 72
　　第2節　けがき作業法 ………………………………………………………… 73
第2章　手仕上げ …………………………………………………………………… 74
　　第1節　手仕上げ作業の種類と工具 ………………………………………… 74
第3章　その他の工作法 …………………………………………………………… 76
　　第1節　鋳造作業 ……………………………………………………………… 76
　　第2節　塑性加工 ……………………………………………………………… 77
　　第3節　溶　　接 ……………………………………………………………… 77
　　第4節　表面処理 ……………………………………………………………… 78
　　第5節　粉末や金 ……………………………………………………………… 78

第4編　材　料　力　学

第1章　荷重，応力およびひずみ ………………………………………………… 81
　　第1節　荷重および応力の種類 ……………………………………………… 81
　　第2節　荷重，応力，ひずみおよび弾性係数の関係 ……………………… 81
第2章　単純ばり …………………………………………………………………… 83
　　第1節　はりに働く力のつりあい …………………………………………… 83
　　第2節　せん断力図と曲げモーメント図 …………………………………… 83
　　第3節　はりに生ずる応力とたわみ ………………………………………… 84
第3章　応力集中，安全率および疲労 …………………………………………… 86

第1節　応力集中 …………………………………………………………………… 86
第2節　安　全　率 ………………………………………………………………… 86
第3節　金属材料の疲労 …………………………………………………………… 87

第5編　材　　　料

第1章　金　属　材　料 …………………………………………………………… 89
  第1節　鋳鉄と鋳鋼 ………………………………………………………………… 89
  第2節　炭素鋼と合金鋼 …………………………………………………………… 89
  第3節　銅と銅合金 ………………………………………………………………… 90
  第4節　アルミニウムとアルミニウム合金 ……………………………………… 90
  第5節　粉末や金と焼結合金 ……………………………………………………… 91
  第6節　その他の金属と合金 ……………………………………………………… 91
第2章　金属材料の性質 …………………………………………………………… 93
  第1節　引張強さ …………………………………………………………………… 93
  第2節　破断伸び（伸び）………………………………………………………… 93
  第3節　延性および展性 …………………………………………………………… 93
  第4節　硬　さ ……………………………………………………………………… 94
  第5節　加工硬化 …………………………………………………………………… 94
  第6節　もろさおよび粘り強さ …………………………………………………… 94
  第7節　熱膨張 ……………………………………………………………………… 95
  第8節　熱伝導 ……………………………………………………………………… 95
第3章　金属材料の熱処理 ………………………………………………………… 97
  第1節　焼入れ ……………………………………………………………………… 97
  第2節　焼もどし …………………………………………………………………… 97
  第3節　焼なまし …………………………………………………………………… 98
  第4節　焼ならし …………………………………………………………………… 98
  第5節　表面硬化処理 ……………………………………………………………… 98
第4章　材料試験方法 ………………………………………………………………100
  第1節　引張試験方法 ………………………………………………………………100

第2節　曲げ試験方法 …………………………………………………………100
　第3節　硬さ試験方法 …………………………………………………………101
　第4節　衝撃試験方法 …………………………………………………………101
第5章　非破壊試験 …………………………………………………………………103
　第1節　超音波探傷試験方法 …………………………………………………103
　第2節　磁粉探傷試験方法 ……………………………………………………103
　第3節　浸透探傷試験方法 ……………………………………………………104
　第4節　放射線透過試験方法 …………………………………………………104
　第5節　火花試験 ………………………………………………………………104

第6編　製　　図

第1章　製図の概要 …………………………………………………………………107
　第1節　製図の規格 ……………………………………………………………107
　第2節　図面の形式 ……………………………………………………………107
第2章　図形の表し方 ………………………………………………………………109
　第1節　投影法 …………………………………………………………………109
　第2節　図形の表し方 …………………………………………………………109
　第3節　断面図の表し方 ………………………………………………………110
　第4節　特別な図示方法 ………………………………………………………110
第3章　寸　法　記　入 ……………………………………………………………112
　第1節　寸法記入方法の一般形式 ……………………………………………112
　第2節　寸法の配置 ……………………………………………………………112
　第3節　寸法補助記号の使い方 ………………………………………………113
　第4節　曲線の表し方 …………………………………………………………113
　第5節　穴の表し方 ……………………………………………………………114
　第6節　キー溝の表し方 ………………………………………………………114
　第7節　テーパ・こう配の表し方 ……………………………………………114
　第8節　その他の一般的注意事項 ……………………………………………115
第4章　寸法公差およびはめあい …………………………………………………116

第1節　寸法公差 …………………………………………………116
　第2節　はめあい …………………………………………………116
　第3節　はめあい方式 ……………………………………………117
　第4節　寸法の許容限界記入方法 ………………………………117
第5章　面の肌の図示方法 ……………………………………………119
　第1節　表面粗さ …………………………………………………119
　第2節　面の肌の図示方法 ………………………………………119
　第3節　仕上げ記号による記入方法 ……………………………120
第6章　幾何公差の図示方法 …………………………………………121
　第1節　平面度・直角度などの図示方法 ………………………121
第7章　溶　接　記　号 ………………………………………………122
　第1節　溶接記号 …………………………………………………122
第8章　材料記号 ………………………………………………………123
　第1節　材料記号 …………………………………………………123
第9章　ねじ・歯車などの略画法 ……………………………………124
　第1節　ねじ製図 …………………………………………………124
　第2節　歯車製図 …………………………………………………124

第7編　電　　気

第1章　電　気　用　語 ………………………………………………127
　第1節　電　流 ……………………………………………………127
　第2節　電　圧 ……………………………………………………127
　第3節　電気抵抗 …………………………………………………127
　第4節　電　力 ……………………………………………………127
　第5節　周波数 ……………………………………………………128
　第6節　力　率 ……………………………………………………128
第2章　電気機械器具の使用方法 ……………………………………130
　第1節　開閉器の取付けおよび取扱い …………………………130
　第2節　電線の種類および用途 …………………………………130

第 3 節　電動機の始動方法 …………………………………………………131

第 4 節　電動機に生じやすい故障の種類 …………………………………131

第 5 節　交流電動機の回転数，極数および周波数の関係 ………………131

第 6 節　電動機の回転方向の変換方法 ……………………………………132

第 8 編　安　全　衛　生

第 1 章　労働災害のしくみと災害防止 ………………………………………133

　第 1 節　安全衛生の意義 ……………………………………………………133

　第 2 節　労働災害発生のメカニズム ………………………………………133

　第 3 節　健康な職場づくり …………………………………………………134

第 2 章　設備，環境の安全化 …………………………………………………135

　第 1 節　機械・設備の安全化の基本 ………………………………………135

　第 2 節　機械・設備の安全化 ………………………………………………135

　第 3 節　作業環境の改善 ……………………………………………………135

　第 4 節　定期の点検 …………………………………………………………135

第 3 章　機械・設備 ……………………………………………………………137

　第 1 節　作業点の安全化 ……………………………………………………137

　第 2 節　動力伝導装置の安全化 ……………………………………………137

　第 3 節　工作機械作業の安全化 ……………………………………………137

第 4 章　手　工　具 ……………………………………………………………139

　第 1 節　手工具の管理 ………………………………………………………139

　第 2 節　手工具類の運搬 ……………………………………………………139

第 5 章　電　　　気 ……………………………………………………………140

　第 1 節　感電の危険性 ………………………………………………………140

　第 2 節　感電災害の防止対策 ………………………………………………140

第 6 章　墜落災害の防止 ………………………………………………………142

　第 1 節　高所作業での墜落防止 ……………………………………………142

　第 2 節　開口部への墜落の防止 ……………………………………………142

　第 3 節　低い位置からの墜落防止 …………………………………………142

第7章 運搬 ……………………………………………………………………143
第1節 人力，道具を用いた運搬作業 ……………………………………143
第2節 機械による運搬作業 ………………………………………………143
第8章 原材料 …………………………………………………………………144
第1節 危険物 …………………………………………………………………144
第2節 有害物 …………………………………………………………………144
第9章 安全装置・有害物抑制装置 …………………………………………145
第1節 安全装置・有害物抑制装置 ………………………………………145
第2節 安全装置・有害物抑制装置の留意事項 …………………………145
第10章 作業手順 ………………………………………………………………146
第1節 作業手順の意義と必要性 …………………………………………146
第2節 作業手順の定め方 …………………………………………………146
第11章 作業開始時の点検 ……………………………………………………147
第1節 安全点検一般 ………………………………………………………147
第2節 法定点検 ……………………………………………………………147
第12章 業務上疾病の原因とその予防 ………………………………………148
第1節 有害光線 ……………………………………………………………148
第2節 騒音 …………………………………………………………………148
第3節 振動 …………………………………………………………………148
第4節 有害ガス・蒸気 ……………………………………………………148
第5節 粉じん ………………………………………………………………148
第13章 整理整とん，清潔の保持 ……………………………………………149
第1節 整理整とんの目的 …………………………………………………149
第2節 整理整とんの要領 …………………………………………………149
第3節 清潔の保持 …………………………………………………………149
第14章 事故等における応急措置および退避 ………………………………150
第1節 一般的な措置 ………………………………………………………150
第2節 退避 …………………………………………………………………150
第15章 労働安全衛生法と関係法令 …………………………………………151
第1節 総則 …………………………………………………………………151

第2節　作業主任者 …………………………………………………151
第3節　労働災害を防止するための措置 ……………………………152
第4節　安全衛生教育 ………………………………………………152
第5節　就業制限 ……………………………………………………152
第6節　健康管理 ……………………………………………………153

【選択】　旋盤加工法

目　　次

- 第1章　旋盤の種類，構造，機能および用途 ……………………………………157
  - 第1節　各種の旋盤の特徴および用途 …………………………………………158
  - 第2節　旋盤の主要装置の構造および機能 ……………………………………158
  - 第3節　旋盤の精度検査および運転検査 ………………………………………159
  - 第4節　旋盤に使用される治工具等の種類，用途および取扱い ……………159
- 第2章　切削工具の種類および用途 ………………………………………………161
  - 第1節　金属材料の被削性 ………………………………………………………161
  - 第2節　切削工具材料 ……………………………………………………………161
  - 第3節　バ　イ　ト ………………………………………………………………162
- 第3章　切削加工 ……………………………………………………………………164
  - 第1節　加工法の分類と切削加工 ………………………………………………164
  - 第2節　切削理論 …………………………………………………………………164

【選択】 フライス盤加工法

目　　次

第1章　フライス盤の種類, 用途, 構造および機能 ……………………………………171
　　第1節　フライス盤の種類, 用途, 構造および機能 ………………………………172
　　第2節　フライス盤主要部の構造および機能 ………………………………………172
　　第3節　フライス盤の精度検査および運転検査 ……………………………………173
　　第4節　フライス盤に使用される治工具等の種類, 用途および取扱い …………173
第2章　切削工具の種類および用途 ………………………………………………………175
　　第1節　金属材料の被削性 ……………………………………………………………175
　　第2節　切削工具材料 …………………………………………………………………175
　　第3節　フライス ………………………………………………………………………176
　　第4節　リーマ …………………………………………………………………………176
　　第5節　タップおよびダイス …………………………………………………………176
第3章　切削加工 ……………………………………………………………………………178
　　第1節　加工法の分類と切削加工 ……………………………………………………178
　　第2節　切削理論 ………………………………………………………………………178

【共通】指導書

第1編　工作機械加工一般

学習の目標

　第1編では各種の工作機械加工に関連のあることについて，一般常識として知っておかねばならないことがらを学ぶ。

　第1編はつぎの各章より構成されている。

　　　第1章　工作機械の種類および用途
　　　第2章　バイト，フライス，ドリル，研削といしの種類および用途
　　　第3章　切削油剤
　　　第4章　潤滑
　　　第5章　油圧装置
　　　第6章　ジグ，取付け具一般
　　　第7章　工作測定の方法
　　　第8章　品質管理

　これらの各章は相互に関連のあることがらが多い。たとえば，第1章，第2章，第3章，第6章は，使用する工作機械によって切削工具や，ジグおよび取付け具がおのずからきまってしまうし，これらはまた使用する切削油剤も限定することになる。また第1章と第4章，第5章あるいは第7章と第8章なども関連が大である。

　したがって，本編を勉強するには，まず一気に第1章から第8章まで読んでしまって，それぞれの章の内容を大づかみにとらえ，つぎに第1章から改めて勉強するようにし，このときは関連のある他の章も対比しながら進むと総合的に理解できる。

第1章　工作機械の種類および用途

学習する過程における関連事項

　本章の学習の目標は，各種工作機械の種類および用途について，特に旋盤，フライス盤，形削り盤，立削り盤，平削り盤，ボール盤，中ぐり盤，歯切り盤および研削盤について，主要部分の名称，大きさの表し方，主軸受，案内面等の種類，構造および機能について，一般的な知識を得ることにある。

　本章を学習するに当たり，つぎに示す事項はそれぞれ関連があるので，相互に対照しながら勉強すると早く理解することができる。

| 第1章 | 関連事項 |

第1節　工作機械一般→第2章　バイト，フライス，ドリルおよび研削といしの種類
　　　　　　　　　　　第4章　潤滑
　　　　　　　　　　　第5章　油圧装置
　　　　　　　　　　　第6章　ジグおよび取付け具一般

　これらのことは単に学習上に関連事項であるばかりでなく，実際に作業を行う上でもおおいに関連がある。具体的な例をいくつかあげてみると，

　第1章第1節の1．5の［各種工作機械の工作法による仕上げ面の表面粗さと加工精度は切削工具の選択方法によって変化するが，これはまた工具の刃先形状や切削条件でも変化するものであるから，実技を行うにあたっては，これらのことを十分に考慮しなければ正しい作業はできない。

第1節　工作機械一般

---　学習のねらい　---

　ここではつぎのことがらについて学ぶ。この節で学ぶことは各種の工作機械に共通して考えられるものであるから，十分に理解するようにしなければならない。

(1) 工作機械はその構造や用途によって，はん用と専用，総合とユニット，手動，半自動と全自動，さらに各種数値制御などに分類されるが，それらの種類について学ぶ。

(2) 工作機械が具備しなければならない条件について，生産性を高めるためにはどうすればよいのか，精度，剛性，耐久性あるいは操作の容易さ，すなわち操作性などの必要である理由と，そのためにとられている対応策

(3) 工作機械が自動化へ進む過程と，それが要求される社会環境

(4) 各種テーパ

(5) 工作物の仕上げ面の表面粗さとはどのようなことであるかを知り，かつそれが各種の工作機械による工作法の相違および切削工具の刃先形状と切削速度，切込み，送りなどとの関係，さらには工作物の材質と切削工具との関係や切削油剤との関係はどうなるかを理解する。

(6) 加工精度といわれる用語の意味

(7) 工作機械の動力伝達および速度変換方式の種類

(8) 工作機械の操作表示記号

学習の手びき

教科書の内容についてよく理解すること。

第2節　各種工作機械

学習のねらい

ここでは一般に使われている工作機械の種類，構造，特徴，機能および用途などについて学ぶ。

(1) 旋盤については，旋盤の機能，普通旋盤の主要部の名称と構造について理解したうえで，各種旋盤の特徴，構造，機能，旋盤の大きさの表し方および用途などの一般的な事項

(2) フライス盤については，他の工作機械と異なる機能的な特徴，各種フライス盤の構造，主要部の名称，フライス盤の大きさの表し方および用途などの一般的な事項

(3) 形削り盤，立削り盤，平削り盤，ボール盤，中ぐり盤，歯切り盤および研削盤については，主要部分の名称，主軸受や案内面等の種類，構造および機能，機械の大きさの表し方およびそれぞれの工作機械の種類，特徴および用途などの一般的事項

(4) ブローチ盤，金切り盤，ラップ盤，ホーニング盤，超仕上げ盤，バフ盤，歯車研削盤，歯車仕上げ盤，放電加工機，電解加工機および数値制御工作機械などについては，それぞれの工作機械の種類および用途についての一般的事項

学習の手びき

(1) 精度，精密，正確，この3つの用語がしばしば混同されて使われることがあるが，精度は真の値または指示された値に対する誤差の大小の程度を表すもので，誤差が小なら精度は高く，誤差が大なら精度が低い，あるいは精度が悪いという。精度の高い部分を組み合わせた場合精密であるという。正確とは誤りのないことであって，指示された許容限度内のものは正確であるということになる。

(2) どのような強い外力を加えても，絶対に変形や破壊しないような物体を剛体といい，このように外力に対して強い性質を剛性という。しかし，実際には地球上にはこのような剛体は存在しないが，理論上の剛体を想定して剛性という考え方が使われている。

第1章の学習のまとめ

この章ではまず工作機械の一般的事項を学び,つぎに各種の工作機械の種類および用途について学んだのであるが,これをまとめてみるとつぎのようになる。

(1) 工作機械は主運動,送り運動,位置決めと3つの運動を必要とする。これが他の機械と異なるところである。
(2) 工作機械の分類の仕方にはいろいろの方法がある。われわれは目的に応じて必要とする分類項目を選択する。
(3) 工作機械は生産性,効率,精度,剛性,耐久性,操作性などの各方面から,その高度なものを要求されている。
(4) その表れの1つとして自動化の方向へと発展している。
(5) 実技に関連の深い問題として,表面粗さと加工精度はいろいろな条件によって変化するものであること。
(6) 工作機械の動力伝達方式の種類と特徴,および主軸回転数の速度列の違いによる加工能率への影響
(7) 各種工作機械の種類,形状,大きさ,特徴,用途などについては,1.2の工作機械の分類に示した表を参考として,自分で一覧表を作成してみると,総合的に理解することができる。

【練習問題の解答】

1. はん用工作機械は,工作物の材料,大きさまたは形状を特に定めない。専用工作機械は特定の製品を加工対象とする。
2. 旋盤,ボール盤には主としてモールステーパ(MT),フライス盤には主として$\frac{7}{24}$テーパ(ナショナルテーパといわれている)が使われる。
3. 主運動とは刃物と工作物との間における相対的な動き。
   位置決めとは切削を始める位置に刃先を合わせること。
   送りとは刃先と工作物の相対的位置を移動すること。
4. (1)○ (2)× (3)○ (4)○ (5)× (6)○

第2章 バイト，フライス，ドリル，研削といし の種類および用途

学習する過程における関連事項

　本章では主要切削工具および研削といしについて，一般的な知識を得ることを目標としているので，切削工具および研削といしの種類，形状および用途について十分に理解する必要がある。第1節，第2節の順に勉強すると理解しやすい。

　本章を学ぶに当たり，本章の内容はつぎに示すように，他の編，章などと関連する事項があるので，関連のあるところも同時に勉強すると，早くしかも総合的に理解することができる。

　これらは単に関連するのみでなく，実技のうえでも大切なことで，たとえば工作物の材質，形状および工作機械に応じた切削工具を選定することは，正しい作業を行うためには欠かすことのできない知識である。

第1節　バ　イ　ト

―― 学習のねらい ――

　ここではつぎのことがらについて学ぶが，これらは工作機械による加工の基礎になることなので，十分に理解しておかなければならない。
(1)　バイトの形状とバイト各部の名称およびその作用
(2)　旋盤用のバイトの各種
(3)　平削り盤，形削り盤，立削り盤用バイトの形状
(4)　バイトの材料

学習の手びき

(1)教科書の内容についてよく理解すること。

第2節　フ ラ イ ス

―― 学習のねらい ――

　ここではつぎのことがらについて学ぶ。旋盤用バイトとは形状も加工法も異なるが，切削の基本的な理論は同様である。またフライスの種類は非常に多いので，十分に理解しておかなければならない。
(1)　フライスの形状と各部の名称およびその作用
(2)　横フライス盤用フライス
(3)　立フライス盤用フライス
(4)　フライスの材料

学習の手びき

教科書の内容についてよく理解すること。

第3節　ド リ ル

学習のねらい

ここでは，ドリルの用途とともに，つぎのことがらについて学ぶ。
(1) ドリルの形状と各部の名称およびその作用
(2) 各種ドリル
(3) ドリルの材料

学習の手びき

教科書の内容についてよく理解すること。

第4節　研削といし

学習のねらい

ここでは，研削といしについてつぎのことがらを学ぶ。
(1) 研削といしの3要素について
(2) といしの最高使用速度と取扱い上の注意事項は，災害につながる重要な事項なので，特によく理解して，実技の上でもこれにしたがって使わなければならない。
(3) といしの形状と用途

学習の手びき

教科書の内容についてよく理解すること。

第5節　刃物およびと粒の切削作用

学習のねらい

ここでは，つぎのことがらについて学ぶが，これらは実技の過程で影響が大きいので，十分にしておかなければならない。
(1)　刃物（バイト，フライス，ドリルなど）の切削作用とはどういうことか。
(2)　研削といしの切削作用はどういうことか。

学習の手びき
教科書の内容についてよく理解すること。

第2章の学習のまとめ
この章では，切削工具，研削といしについて学んだのであるが，これをまとめてみると，つぎのようになる。
(1)　切削とは刃物と工作物とが，どのような関係のとき成立するものであるか。すなわち，刃物の形状，とくに角度と力の加わる方向の関係，切りくずの生成は刃物と工作物の材料の相対的な関係にあること。
(2)　切削工具材料の種類と特徴，およびそれぞれの適する工作法
(3)　バイトとはどのようなものであるか。
(4)　フライスとはどのようなものか。また，その種類と適応する加工法
(5)　ドリルの各部の名称と種類およびその用途
(6)　研削といしの3要素
(7)　研削といしの形状および寸法と適応する加工法
(8)　研削といしの最高使用速度
(9)　研削といしの取扱い上の注意事項
(10)　刃物の切削作用とはどのようなことか。
(11)　バイト，フライス，ドリルおよび研削といしのと粒の切削作用の相違点はなにか。

【練習問題の解答】
1．すくい面は切りくずが工作物から分離する際に，これに当たってすべる面で，逃げ面とともに切れ刃を形成する。したがってこのすくい面がシャンク底面に対する角度が大きくなるにしたがって，やわらかい材料に対しては切削性がよくなるが，刃先は弱くなる。
2．一般には高速度工具鋼と超硬合金が使われている。
3．図のようにヒールと切れ刃にかこまれ凹みがチップポケットで，切りくずはここに流れて排出される。

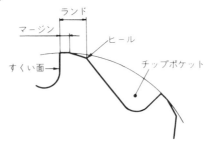

4．穴の中心部を残して穴あけをするドリルで，切れ刃が1枚または2枚で，主として貫通穴の加工に用いる。
5．(1)○　(2)×　(3)○　(4)○
6．ドリル先端部のチゼルエッジは，切削に寄与することなく抵抗を増すばかりなので，このチゼルエッジの長さを短かくして抵抗を減ずるためである。

第3章　切　削　油　剤

第1節　切削油剤一般

学習のねらい

ここでは，切削作業において切削油剤はなぜ必要であるかについて学ぶ。

学習の手びき

切削作業において，工作物を切削工具で切削する際に，何が発生するか。この発生したものは，切削工具および工作物に，どのような影響を与えるか。また，切削油剤の役割は何か。

第2節　切削油剤の種類および用途

学習のねらい

ここでは，切削油剤にはどのような種類があり，またどのように用いられているかについて学ぶ。

学習の手びき

(1) 切削油剤を大別すると2つの種類になるが何と何か。
(2) 不水溶性切削油剤はどのようなものか。またどのような種類があって，どのように用いられているか。
(3) 極圧油は，どのような目的で使用されるのか。
(4) 水溶性切削油剤はどのようなものか。またどのような種類があって，どのように用いられているか。
　以上のことがらについてよく理解すること。

第3節　切削油剤の選択

――― 学習のねらい ―――
ここでは，切削作業における切削油剤の選択について学ぶ。

学習の手びき
(1) バイトやフライスによる切削作業には，どのような切削油剤を選択すればよいか。
(2) 研削作業には，どのような切削油剤を選択すればよいか。
　以上のことがらについて十分理解すること。

第4節　切削油剤の取扱い

――― 学習のねらい ―――
ここでは，切削油剤の取扱い上必要なことがらについて学ぶ。

学習の手びき
(1) 切削油剤の老化を防止するには，どのようにすればよいか。
(2) 衛生管理面から切削油剤の使用については，どのような注意が必要か。
(3) 切りくずのろ過には，どのような方法があるか。
　以上のことがらについてよく理解すること。

第3章の学習のまとめ
この章では切削油剤について学んだのであるが，これをまとめるとつぎのようになる。
(1) 切削油剤の必要性
(2) 切削油剤を大別すると2種類あるが，その用途
(3) 切削作業での切削油剤の選び方のポイント
(4) 切削油剤の老化防止や使用上の注意事項

【練習問題の解答】

1．(1) ①研削　②切削工具　③切りくず　④すくい面　⑤高温
　　(2) ①寿命　②粗さ　③減摩性　④重点　⑤水溶性
2．(1)○　(2)○　(3)×　(4)×　(5)○

第4章 潤　滑

第1節　潤滑の目的と効果

── 学習のねらい ──
　ここでは，機械にとって潤滑が必要不可欠であることの理由と潤滑を行うとどのような効果があるのかを学ぶ。

学習の手びき
教科書の内容をよく理解すること

第2節　摩擦の種類と潤滑

── 学習のねらい ──
　ここでは，乾燥摩擦，境界摩擦および流体摩擦について学ぶ。

学習の手びき
(1) 摩擦を分類すると，どのようになるか。
(2) 潤滑はどのような摩擦が理想的であるか。
　以上のことがらをよく理解すること。

第3節　潤滑剤の性質，種類および用途

> **学習のねらい**
>
> ここでは，潤滑剤を使用するについて，どのような性質が必要であるか，どのような規格があるか，どのような種類および用途があるか，どのような選定が必要かについて学ぶ。

学習の手びき

(1) 潤滑剤とは何か。
(2) 潤滑剤にはどのような性状があるか。
(3) 潤滑剤の規格はどのようになっているか。
(4) 潤滑剤にはどのような種類があり，またどのように使われているか。
(5) 鉱物性潤滑剤に添加剤を使用するのはなぜか。
(6) 潤滑剤を選ぶにはどのような条件が必要か。
(7) 潤滑剤を正しく取扱うにはどのような注意が必要か。
　以上のことがらについて十分理解すること。

第4節　潤滑法（給油法）

> **学習のねらい**
>
> ここでは，機械のそれぞれの潤滑部分に適した潤滑法（給油法）について，どのような種類があるか，どのように選定すればよいか，潤滑に必要な器具はどのようなものがあるかについて学ぶ。

学習の手びき

(1) 潤滑法（給油法）の種類は2つに大別することができる。何と何か。
(2) 油潤滑とグリース潤滑のそれぞれの特徴は何か。
(3) 油潤滑法にはどのような種類があってどのように用いられているか。

(4) 潤滑法（給油法）の選定について，すべり軸受と，転がり軸受はどのように重点がおかれるか。

(5) 潤滑用器具にはどのようなものがあるか。

以上のことがらについてよく理解すること。

第5節　潤　滑　管　理

――　学習のねらい　――
ここでは，潤滑管理について，どのような目的か，方法はどのようなものがあるかについて学ぶ。

学習の手びき

(1) 潤滑管理とは何か。

(2) 潤滑管理はどのような目的で行うか。

(3) 潤滑管理にはどのような方法があるか。

以上のことがらについてよく理解すること。

第4章の学習のまとめ

この章では潤滑の必要性と方法について学んだのであるが，これをまとめるとつぎのようになる。

(1) 潤滑の必要性

(2) 摩擦の種類と潤滑

(3) 潤滑剤を選択するにあたっての必要事項

(4) 潤滑部分に適した潤滑方法の選択

(5) 潤滑管理の必要性

【練習問題の解答】

1．(1)　①固体摩擦　②じんあい　③緩衝体　④流体被膜　⑤流体摩擦
　　(2)　①摩耗　②性能　③焼付き　④機械寿命　⑤短縮

2．(1)○　(2)×　(3)×　(4)○

第5章 油圧装置

第1節 油圧の概要

> **学習のねらい**
> ここでは，油圧とはどういうものかを学ぶ。

学習の手びき

油圧の定義 狭い意味では，油に与えられた圧力，あるいは圧力のエネルギーということであるが，一般には，原動機で油圧ポンプを駆動して，機械的エネルギーを油の流体エネルギー（主として圧力エネルギー）に変換し，これを自由に制御して，機械的運動や仕事を行わせる一連の装置あるいは方式を総称して油圧という。そしてこれに使用される機械および器具を油圧機器といい，油圧作動用の油を油圧油あるいは作動油という。ここでは，

(1) 油圧のしくみの3つの部分はどのようなものか。
(2) 油圧の利点と欠点

について学ぶ。

第2節 油圧の基礎

> **学習のねらい**
> ここでは，油圧の基礎となる流体のもつ性質について学ぶ。

学習の手びき

油圧機器は，油のもつ流体エネルギーを利用する。この流体エネルギーは計算によって設定することができる。その計算に当たって用いる単位は，従来m，cm，mmなどの長さの単位と，kg，kgfなどの質量の単位を組み合わせた単位，たとえば kgf／mm^2 として圧力を表すようにしていたが，国際単位（SI）に切換えることになり，本節ではそ

の中の圧力について学ぶことにしている。

ニュートン，パスカルなどの単位名が出てくるが，これらについてよく理解すること。

なお第7章第1節ならびに第4編第4章でも，この国際単位（ＳＩ）の単位系を学ぶことになるので，そちらの方も参照しながら学ぶと理解を早めることができる。

第3節　油　圧　油

> **学習のねらい**
>
> ここでは，油圧油に要求される性質と種類について学ぶ。

学習の手びき

(1) 油圧油の選定

油圧油の粘度は，油圧装置の性能や寿命に大きく影響するので，適性粘度の選定は重要である。現状では，油圧ポンプのメーカーが規定する推奨粘度によって油圧油が選定されるのが普通である。なお粘度とは液体が変形されるときにこれに抵抗する性質（これを粘性という。）を数値で表したものである。

(2) 油圧油の添加剤

油圧油に要求される性質を向上させるため，酸化防止剤，さび止剤，消泡剤，その他の添加剤が広く用いられている。

第4節　油　圧　機　器

> **学習のねらい**
>
> ここでは，油圧装置を構成している油圧機器の種類，構造および作動について学ぶ。
>
> なおJISでは油圧機器の表示記号を規定しており，本文中でもこれを用いている。詳細については第7節を参照するとよい。

学習の手びき

4．1　油圧ポンプ

(1)　各種ポンプの性能比較

表1－1　　　　　各種油圧ポンプの性能　　　　　圧力の単位はkPa
　　　　　　　　　　　　　　　　　　　　　　　（　）内はkgf／cm²

ポンプの種類			最高圧力	常用圧力	吐出し量〔ml／1回転〕		回転数〔rpm〕	全効率最高値〔％〕
プランジャポンプ	アキシャル	斜軸	3500 (350)	1500 (150)	最小 最大	1.2 1800	1000～ 5000	90～95
		斜板	3500～5000 (350～500)	1500～3500 (150～350)	最小 最大	10 250	1800～ 5000	90～95
		シリンダ固定	3500～5000 (350～500)	1500～3500 (150～350)	最小 最大	10 400	1500～ 2000	90
	ラジアル		2100 (210)	1400 (140)	最小 最大	10 500	1000～ 1800	90
歯車ポンプ	外接形		2100 (210)	1400 (140)	最小 最大	4 200	2000～ 3500	80～88
	内接形		400 (40)	150～300 (15～30)	最小 最大	2 200	1500～ 3000	75～85
ベーンポンプ	普通形		700 (70)	700 (70)	最小 最大	5 190	1200～ 1800	80～85
	高圧形		1750 (175)	1400 (140)	最小 最大	40 350	2000～ 2700	80～88

表1－1をみると，歯車ポンプは低圧，低速回転において他の2つのポンプより性能がすぐれ，プランジャポンプは，高圧，高速回転においてすぐれた性能を示すことがわかる。ベーンポンプは，両者の中間的性能を示している。このように，各種油圧ポンプには，一長一短があるので，用途にあったポンプを選ぶことになる。

4.2 圧力制御弁

(1) リリーフ弁の作動

(a) 直動形リリーフ弁

教科書の図1-196に示すような構造で，圧力調整ばねの力でポペット弁を弁座に押し付け，圧油が出口Rの方に流れるのを止めている。回路内の圧力が上昇してばねの設定力よりも大きくなると，ポペット弁が動き，圧油は出口側に流れ油タンクにもどって，回路内の圧力を逃がす。回路内の圧力がばね力以下になるともとにもどり，圧油を止める。

チャタリング 連続的に弁が振動を起こして弁座を激しくたたき，騒音を発する現象である。直動形リリーフ弁に起こりやすい現象で，ポペット弁が油圧によって押し上げられた瞬間に，弁下部の圧力が急に低下して，弁は急速にばね力で押下げられる。するとまた圧力が上昇して弁を再び押上げる。これがくりかえされるわけである。

(b) パイロット作動形リリーフ弁

教科書の図1-197に示すような構造で，バランスピストンは，上下両面の油圧作用面積がほぼ等しく作られているので，PポートからA室に入った圧油は，絞り弁Hを通ってB室に入り，バランスピストンの上下面に作用し平衡を保っている。ピストンは弱いばねで弁座に密着している。

圧油の圧力が，パイロット弁のポペットを押すばねよりも大きくなると，ポペットが押上げられて，圧油はピストン内部を通ってR側に流出する。すると，絞り弁Hに流れが生じ，A室よりB室の圧力が低くなるため，油圧的平衡がくずれてピストンは弱いばねに打ち勝って上に押上げられ，圧油は出口側に流出する。

圧力が設定圧力まで低下すると，パイロット弁が閉じるため，A室とB室の圧力が等しくなり，ピストンのばねの力で流路が閉じられる。

(2) 減圧弁の作動

(a) 直動形減圧弁

教科書の図1-198に構造を示すが，スプールは，ばねによって常時開放状態にある。二次側の圧力がばねの力より大きくなるとスプールを押上げて油の流路をせばめて，圧力損失によって二次側の圧力を減圧している。

(b) パイロット作動形減圧弁

教科書の図1-199に示す構造で，スプールの両端が二次側に連結されていて，二次

側の圧力がパイロット弁のポペットに作用して制御されている。作動原理は，パイロット作動形リリーフ弁と同じである。

(3) シーケンス弁の作動

教科書の図1－200に構造を示すが，内部パイロット式は，一次側の圧力が上昇して，ばねの力より大きくなるとスプールを押し上げて油路を開く。外部パイロット式は，一次側の圧力に関係なく，別回路の圧力がばね力より大きくなれば弁が開く。パイロット作動形シーケンス弁もあるが，作動原理はパイロット作動形リリーフ弁と同じである。

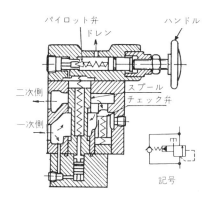

図1－1　チェック弁付きパイロット作動形シーケンス弁

4．3　方向制御弁

(1) 方向切換え弁

図1－2に示すように，ロータリスプール形とスライドスプール形とがある。

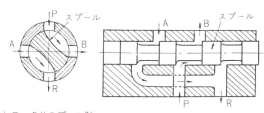

図1－2　ポート弁

前者はロータの円周上での圧力バランスがとれていないため，高い圧力では側圧が大きくなり，ロータの回転切換えが困難となる。後者は圧力のバランスがとれているので，切換えが容易である。

　作動については，ロータリスプール形の場合は，スプールが回転して流路を切り換える。スライドスプール形は，スプールが左右にスライドして，流路を切り換える。ここでは一般的に使用されている4ポート3位置クローズドセンタ・スプリングセンタ電磁切換え弁を例にとって作動を説明する。

　この切換え弁を記号で表すと図1－3となる。正方形が3つにならんでいるが，中央が中立位置，ＳＯＬaに通電すると左側の状態，つまりP→B，A→Rとポートがつながる。ＳＯＬbに通電すると右側の状態，つまりP→A，B→Rとポートがつながる。

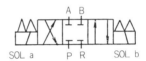

図1－3　記号

　実際の切換え弁の作動を示したのが図1－4である。図においてはスプールが両側のばねによって中立位置に保たれていて，P，R，A，B各ポートは閉じられている。(b)において，ＳＯＬaに通電すると，左側の可動鉄心が引き寄せられ，プッシュピンを介してスプールを右方向へ移動させる。すると，P→B，A→Rとポートが通じる。(c)においても同様に，P→A，B→Rとポートが通じる。ここで，AおよびBは負荷側に接続するポートで，Pは圧油供給ポート，Rは油タンクへもどるためのポートである。

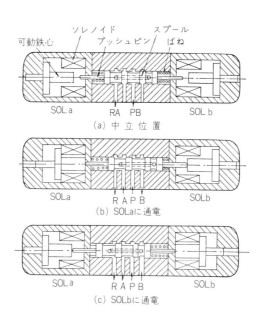

図1-4 作動模型図

4.4 油圧アクチュエータ

(1) 油圧モータ

各油圧モータの性能を表1-2に示す。

表1-2　　　　油圧モータの性能　　　　圧力の単位はkPa
　　　　　　　　　　　　　　　　　　　　（　）内はkgf/cm^2

種類		圧力	回転数 [rmp]	トルク効率 [%]	全効率 [%]
プランジャモータ	アキシャル形	100〜3500 (10〜350)	1〜3000	90〜95	70〜90
	ラジアル形	100〜2100 (10〜210)	5〜4000	90〜95	75〜90
歯車モータ		100〜1750 (10〜175)	100〜4000	85〜95	85〜95
ベーンモータ		100〜1750 (10〜175)	50〜4000	85〜95	82〜92

第5節　油圧基本回路

学習のねらい

ここでは，基本的な油圧回路を知り，前節で学んだ油圧機器がどのように組み合わされて使用されるのかを学ぶ。

学習の手びき

前節の油圧機器のおのおのの働きをよく理解して，回路の動作を考えること。記号は，第7節を参照のこと。

第6節　油圧の保守管理

学習のねらい

ここでは，油圧装置の作動を正常に保つための保守管理について学ぶ。

学習の手びき

(1) 油圧油の劣化の調べ方

教科書に述べたように効果的な判断法はないが，現場的な簡単な方法として，つぎのようなものがあり，ある程度の劣化の状況を知ることができる。

(a) 使用中の油と新しい油とを比べて，色の変化や沈殿物の有無を確かめる。また激しく振ってみて発生したあわの消えぐあいを比べる。

(b) 新しい油と使用中の油のにおいをかいでみて，刺激的な悪臭がないかを確かめる。

(c) 250℃程度に熱した鉄板の上に使用中の油を1滴落として，パチパチとはねる音がすれば水分が含まれている。

(d) 乾燥したろ紙の上に使用中の油を1滴落として，広がった輪の色や大きさを新しい油と比べる。輪の中央部がにごっているときは不溶性の不純物がまざっている。

第7節　油圧および空気圧用図記号

> **学習のねらい**
>
> 制御用流体関係機器および装置の機能を図式に表示するために使用される主な記号について学ぶ。

学習の手びき
機器の種別，制御の方式別の図記号をよく理解すること。

第5章の学習のまとめ
身近にある油圧装置と，この章で学んだことを比較し，復習に役立てよう。
(1) 実際の油圧装置を，駆動源，制御部，駆動部の3つの部分に分けてみよ。
(2) パスカルの原理は理解できたか。
(3) 実際の装置に使用されている油圧油の種類を調べ，なぜその油が使用されているのかを考えよ。
(4) 実際の装置に使用されているポンプ，各種の弁，シリンダ等の機器および回路を調べ，各機器のしくみを考えながら，その回路の働きを考えてみよ。
(5) 身近にある装置において，どのような故障が起こり，その原因が何であったか，どのようにして修理したかを調べてみよ。

【練習問題の解答】
1. ① 小さな装置で大きな出力が得られる。
   ② 出力や速度を無段階に変えられる。
   ③ 仕事の方向を容易に変えられる。
   ④ 遠隔操作を電気的に行うことができ，自動制御も容易に行える。
   ⑤ 安全装置の取付けが容易で，過負荷に対する安全性が高い。
2. 単位面積 $1\,m^2$ 当たり $1\,N$ の大きさを $1\,Pa$ という（$1\,kgf ≒ 10\,N$）。
   単位面積 $1\,mm^2$ 当たり $1\,N$ の圧力は $1\,MPa$ である。
   従来使用の単位 $1\,kgf/mm^2$ は，$9.8\,MPa ≒ 10\,MPa$ である。

3．①リリーフ弁　②減圧弁　③シーケンス弁　④カウンタバランス弁
　　⑤アンロード弁　⑥　圧力スイッチ
4．油圧のエネルギーを用いて，機械的な仕事をする機器の総称で，油圧シリンダ，油圧モータと付属機器に大別される。
5．「…アンド…」，「…オア…」，「ノット…」というように，ある条件に合致するときだけ作動する回路である。
6．(1)×　(2)○　(3)○

第6章　ジグ，取付け具一般

学習する過程における関連事項

　本章の学習目標は，まず，ジグとは何か，取付け具とはどのようなものであるか，またその効用や，目的に応じた分類ごとの種類をよく理解した上で，ジグあるいは取付け具が具備しなければならない構造上の要点を十分に理解する。

　これらのことが理解できれば，必然的にジグおよび取付け具を製作するときは，どのような材料が適し，あるいは不適当であるかも自ら理解できる。

　さらに，旋盤，フライス盤，ボール盤などで使われているジグおよび取付け具について理解することにより，教科書に述べられなかったようなジグおよび取付け具を自ら工夫することもできるし，中ぐり盤，形削り盤をはじめ他のいろいろな工作機械への応用も考えることができるようになる。

　本章を学習するに当たり各節はそれぞれ，第1章第2節の各種工作機械および選択科目の旋盤加工法第1章第2節および第4節，選択科目のフライス盤加工法第1章第2節および第4節の関連があるので，対照して学習すると理解を早くすることができる。

第1節　ジグ，取付け具一般

> **学習のねらい**
>
> 　ここでは，ジグおよび取付け具を定義するとどのようなものであるか，また一般にはどのように区別されているのかを学ぶ。

学習の手びき

教科書の内容についてよく理解すること。

第2節　ジグ，取付け具の構造上具備すべき条件

―― 学習のねらい ――

ここでは，ジグおよび取付け具の構造上の要点，すなわち，
(1) 工作物を常に正しい加工位置に固定するには，どのような方法をとればよいか。
(2) 位置決めの重要である理由と製作あるいは使用するときに注意しなければならない事項。
(3) 工作物に変形を起こさせず，しかも確実に固定する方法。
(4) 切削工具の案内にはどのようなものがあるか。各種案内の特徴と使用工作機械の関連はどうか。
(5) ジグおよび取付け具の基本部品にはどんなものがあるか。

などについて学ぶ。

学習の手びき

教科書の内容についてよく理解すること。

第3節　工作機械で使われるジグ，取付け具

―― 学習のねらい ――

ここでは，ジグおよび取付け具の具体的な例として，つぎのことがらを学ぶ。
(1) 旋盤用のはん用ジグ取付け具の種類，構造および用途
(2) 旋盤の特殊なジグおよび取付け具の種類，構造および用途
(3) フライス盤用のはん用ジグおよび取付け具の種類，構造および用途
(4) フライス盤用の特別ジグおよび取付け具の種類，構造および用途
(5) ボール盤用の主として切削工具の取付け具の種類，構造および用途
(6) ジグといえば穴あけジグといわれるほどのジグの代表格である穴あけジグの種類，構造，特徴および用途
(7) 専用工作機械のジグ

学習の手びき

教科書の内容についてよく理解すること。

第6章の学習のまとめ

この章ではジグおよび取付け具に関して学習したが，これをまとめるとつぎのようになる。

(1) 厳密にはジグは工作物に締め付けて固定するとともに切削工具の案内を要する。取付け具は案内はない。しかし，一般には取付け具もジグと呼んでいる。

(2) ジグは有用な道具であって，いくつかの利点があり，これがまたその使用目的である。

(3) ジグの基本構造の要素は，

　(イ) 工作物の位置決め

　(ロ) 工作物の締付け方法

　(ハ) 切削工具の案内

　(ニ) 代表的な案内ジグとしてのブシュ

(4) ジグ用材料の種類

(5) 旋盤，フライス盤およびボール盤に使われるはん用ジグと特殊ジグの種類，構造および用途

【練習問題の解答】

1．(1)①工作物　②取付け　③道具　④加工　⑤ジグ

　　(2)①取付け具　②締付け　③位置決め　④締付け　⑤加工精度

2．①工作物の位置決めの基準となる箇所の選定

　②締付け方法とその締付け力などを考慮する。

　③基準面に切りくずやじんあいが付着しないようにする。

　④位置決めに使われるジグ，取付け具の基準面となるところは，精度保持の点から，摩耗した場合に交換できるようにしてあるとよい。

3．工作物にあらかじめあけられた2個の穴の案内をするもので，一方のピンは円周を削って一部だけ接触させるようにしたものがよく使われる。

4．(1)×　(2)○　(3)○

第7章 工作測定の方法

第1節 測定の基礎

> ― 学習のねらい ―
> この節では，測定の目的と，種々な注意すべき基礎的事項について学び，測定の基本的概念を覚えること。

学習の手びき

測定の目的の1つに品質の保証の裏づけになることも覚えておくこと。また不良品が良品の中にまじると組立の際のトラブル発生があり，時間のロスが大きな損失となる。現在は作業者自身の自主検査を重く見ているので，測定法に熟練する必要がある。

実際の工場での測定では，線度器，端度器等の機械的なものが中心である。この測定法の分類で絶対測定と比較測定について理解しておくこと。

また，測定に使われる単位系についてよく理解しておくことが重要である。

測定誤差は，熟練が大きくものをいう。それに測定器の信頼性が重くなることは周知のとおりである。信頼性は安定性とも考えられる。信頼性が高い測定器とは，偶然誤差を最小限にするような測定器である。

器械誤差は器差ともいわれているもので，補正値を用いることで修正できる。

温度による影響の所では，切削直後の品物の温度はかなり高いので，その膨張を計算してみよう。

たとえば，工場内の温度を25℃とし，マイクロメータも同一温度であるとしよう。いま，黄銅の$\phi 75$の丸棒を切削し，測定したところ75.00で誤差が0であるので，作業を完了して検査に提出したら不良になった。後日，切削直後の品物の温度を測定したら65℃であった。そこで膨張の計算をしてみよう。

　　　　測定器と品物の温度差＝65−25＝40℃
　　　　測定器と品物の膨張係数の差＝$(18.5-11.5) \times 10^{-6} = 7 \times 10^{-6}$／beg
　　　　温度による誤差＝$75 \times 7 \times 10^{-6} \times 40 = 21000 \times 10^{-6} = 2.1 \times 10^{-2} = 0.021$mm

この計算でわかったことは、温度誤差が0.02mmもあることで、大変大きく、いくら精密な測定をしても意味がない。ゲージ等の測定は、20℃±0.1の部屋に12時間以上も保管して完全に温度が安定したものでなければ測定しない。

アッベの原理は、精密測定だけでなく精密加工機械の原理でもある。たとえば、親ねじの近い所の方が遠い所より精度が高い。遠い所も良い精度にするためにベッドを大きくして、移動の安全により精度保証をしているのである。

第2節　長さの測定

学習のねらい

ここでは長さの測定に関する各種の測定器について、その名称、分類、構造、取扱い方法について学ぶ。

学習の手びき

2.1　実長測定器

実長測定器は、教科書にも述べてあるように、工作物の寸法を直接に絶対寸法を測定する測定器で、標準尺、金属製直尺、パス、ノギス、デプスゲージ、ハイトゲージ、マイクロメータ類が、この分類に入る。これらはいずれも寸法を示す目盛を読み取るもので、ノギス、デプスゲージ、ハイトゲージなどは、副尺を使って1目盛間をさらに細分して読み取り、マイクロメータ類は正確なねじの回転角を利用して、1/10mmの精度で寸法を読み取るようにしている。

これらの測定器が、どのような原理で微小寸法を測定できるのかをよく理解すること。

マイクロメータに使われる測定ねじなどについて、つぎの補足事項も理解しておくこと。

(1)　測定ねじ

測定スピンドルの運動の精度（目盛尺の目盛の精度に相当する。）は、多くの因子に左右される。ピッチは、1山ごとに加算される漸進誤差をもつことがある。この誤差は、1回転またはそれ以上の完全回転をした場合に現われるが、完全な1回転に相当しない長さにも現われる。

これとは別に、1回転内においてねじの進みの一様性をみだすねじの誤差がある。こ

れは，各ねじ山ごとに繰り返されるので周期誤差と呼ばれる。したがって，一般に測定スピンドルの誤差は漸進誤差と周期誤差という2種類の誤差からなる。

さらにバックラッシによっても誤差を生ずる。これは，スピンドルねじとナットのねじのすきまのことであって，回転運動の方向が変わる場合に，ある僅少な回転運動の間だけ，スピンドルが軸方向に静止することとなって現われる。この空動きが，測定結果に影響を与えないようにするには，測定のたびごとにスピンドルを同じ方向に動かさなければならない。

(2) 外側マイクロメータ

外側マイクロメータでは，アッベの原理に従って，被測定物と測定スピンドルとが一直線上に配置されているので，一次の傾斜誤差は生じない。器差は，つぎのものから起こる。

① 測定スピンドルのピッチ誤差
② スピンドル軸に対する測定面の直角度
③ 測定面の平行度
④ シンブルの真円度
⑤ 目盛誤差

(3) 指示マイクロメータ

指示マイクロメータは，フレームには，てこ歯車式拡大機構が内蔵されていて，アンビルの動きが約600倍に拡大されて，目盛板上の指針の運動で指示されるようになっている目盛板には，2μmとびの目盛が±20μmの範囲に目盛られている。本器では，測定面を接触されてシンブルの読みがゼロとなったときに，指針が0を指すように調整されている。

わが国ではJIS B 7520に測定範囲0～25,25～50,50～75,75～100mmのものが規定されている（図1－5）。

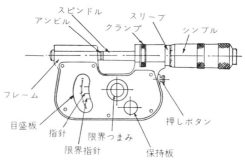

図1－5　指示マイクロメータ

(4) 内側マイクロメータ

JIS B 7508には，測定範囲 50～63, 50～75…，475～500ｍｍの19種類の単体形0.01ｍｍ目盛の棒形内側マイクロメータが規定されている。そのスピンドル送り誤差は±2μm以内である。

2．2 比較測定器

比較測定器の代表例はダイヤルゲージで，その構造と測定原理，使用上の注意についてよく理解しておくこと。

さらにシリンダゲージ，三点式マイクロメータ，指針測微器などについても理解しておくこと。

2．3 ブロックゲージ

ブロックゲージは，教科書で述べているように，長さの基準として用いられる端度器である。したがってブロックゲージについてよく理解しておくことが大切である。

なお端度器の形について補足しておく。

a 平行端度器

b 円板ゲージ，円筒形プラグゲージ

c 円筒端バーゲージ，平プラグゲージ

d 球面棒ゲージ

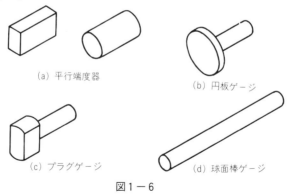

(a) 平行端度器　　(b) 円板ゲージ

(c) プラグゲージ　　(d) 球面棒ゲージ

図1－6

2．4 その他の長さ測定器

ここではハイトマスタ，測微顕微鏡，光学的コンパレータ，その他の測定器は通常の製作現場においては，一般的に使われているものではないが，精密測定を必要とするところでは広く使われている。

2.5 ゲージ

一般に使用されているゲージは，はめ合い方式の工作用，測定用の限界ゲージである。ここでは主としてこのゲージについて学ぶが，限界ゲージの他にすきまゲージもよく使われているので，これについても理解すること。

2.6 線度器式測長機

教科書の内容について理解すること。

2.7 長さの測定についての注意

教科書の内容についてよく理解すること。

第3節　角度の測定

学習のねらい

ここでは，つぎのことがらを学ぶ。

(1) 角度の単位と基準

① 角度の単位として度とラジアンがあるがその関係を理解する。

② 長さの測定では確立された基準があるが，角度の基準ではそのような具体化した原器が必要でないのはなぜか。

③ 円周分割基準と単一角度基準について理解する。

(2) 角度の測定器

つぎの角度測定器の内容を理解する。

角度測定器，水準器，割出し台および割出し円テーブル，オートコリメータ，サインバー

学習の手びき

3.1 角度の測定

(1) 角度の単位とその基準についての理解をすること。この中で円周に目盛をもった基準では円周目盛を検査をするには標準目盛に対し，どれだけ誤差があるかを読み取る場合と，一定角度における読み取りの値の差を問題とし，角度のばらつきを導き出す方法とがある。

前者は回転台の上に標準目盛板をのせ，回転軸の回転中心に各円板の中心を一致させ，

目視または顕微鏡で両者の目盛を読み取る。

　後者は標準角度の目盛なしに検査を行うことができる。2つの顕微鏡を，たとえば30°隔てて配置し，この角度を基準に順次30°ずつ送ってその誤差を顕微鏡で読んでいく。この方法は非常に高精度な検査をすることができる。

　(2) 目盛円板，割出し円板および角度ゲージについて理解すること。

3．2　角度の測定器

　角度の単位とその種類は多いが，一般的に使われているのは，機械的角度定規，光学的に角度を測定する水準器がある。

　さらに三角関数を応用したサインバーは手軽に，かつ正確に角度を測定できることから，広く利用されているので，その計算法をよく理解しておくこと。

　その他，直角定規と円筒スコヤなどについては，教科書の内容をよく理解すること。

第4節　表面粗さの測定

学習のねらい

ここでは，つぎのことがらを学ぶ。
(1) 表面粗さの概念
(2) 表面粗さの測定法の種類，測定器，原理および精度

学習の手びき

4．1　粗さとうねりの定義および表示法

　(1) 工作物表面には，粗さやうねりだけでなく種々の偏差がある。その物体を全体として幾何学的に観察したときの粗い偏差と，その一部を幾何学的に観察したときの細かい偏差とに分けることができる。平面度，真円度などのいわゆる形状の精度は前者に属し，表面粗さおよびうねりは後者に属する。

4.2 表面粗さの測定法

(1) 触針法においては,触針が粗さに対してあまり大きいと,図1-7のように針先が谷底まで達することができない。また,山頂がとがっていても山頂は丸みを持ったように記録され,実際の表面と異なった結果を表すことになる。

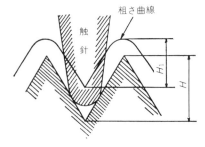

図1-7 触針先端の形率と粗さ曲線

(2) 光波干渉法による粗さ測定は図1-8(a)のようにくさび空間における光波干渉を利用するのであって,得られる水平面によるしまは$\lambda/2$の間隔にできる。たとえば,くさび状のきずABの深さは山形の干渉じまの振れとなって現われ,その大きさから,きずの深さが計算できる。たとえば,波長$\lambda=0.535\mu$mの単色光を利用した場合には,P点における深さは約$8/10\times\lambda/2=0.21\mu$mである。

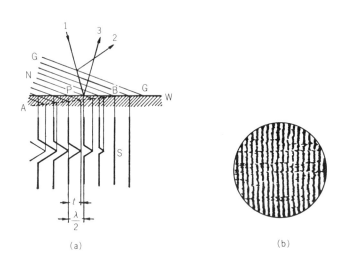

図1-8 光波干渉式粗さ測定の原理(a)と干渉像(b)

第5節　形状および位置の精度の測定

学習のねらい

ここでは，つぎのことがらを学ぶ。
(1) 形状および位置の精度の概念
(2) 平面度，真直度，真円度，円筒度，同心度，平行度および直角度の定義，表示法および測定法

学習の手びき

5．1　形状および位置の精度

　形状および位置の精度の概念は，工作物を全体として幾何学的に観察したときの，偏差の大きさを表すものである。

5．2　平面度および真直度の測定

　(1) 真直度に種々の方向が考えられるということは，直線は360度の方向が考えられるということである。したがって細線の真直度というと，360度すべての真直度のうち最大のもので表すことになる。

　(2) 長方形断面の直定規による測定において，ブロックゲージで支持する2点は，全長にわたって直定規のたわみが最小となる支持点である。このとき，両端と中央のたわみは等しい。

　(3) オプチカルフラットによる平面度の測定では干渉じまの数で平面度がわかる。数が少ないほど平面度はよく，しま1本の高低差が使用波長の半分である。

　JISには，外径45，60，80，100または130mm（厚さは外径の約1/5〜1/4）のものが規定され，平面度は1級0.05μm，2級0.01μm，3級0.2μmである。

5.3 真円度および円筒度の測定

三点法による測定は，図1-9のような対向間隔が一定の等径ひずみ円の検出に便利である。

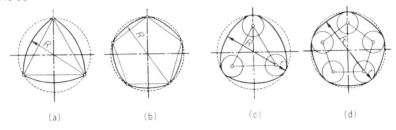

図1-9 等径ひずみ円

5.4 同心度の測定

2つの円筒が問題となるので，測定法は難しくなる。定義をよく理解すること。

5.5 平行度および直角度の測定

2つの幾何学的な要素（線または面）が問題となり，その条件は多種多様となるので，測定法は種々の測定器具の組合わせ応用が必要である。したがって，つぎのことがらをよく理解すること。

a) 平行度および直角度の定義
b) オプチカルパラレル，直角定規，定盤，支持台付き指針測微器，精密水準器，オートコリメータの各測定器具の特徴

第6節　ねじの測定

学習のねらい

ここでは，締付け用ねじとして一番多く用いられている三角ねじにつき，はめあいの条件，総合的な検査の方法，各要素の測定法と問題点および測定器について学ぶ。

学習の手びき

ねじを構成する各部の名称と，その関係について知り，それらがどのような誤差によって支障を生ずるか，またその測定の重要性を理解すること。

(1) ねじ用限界ゲージ

有効径を検査するには，ねじ山のついたもの，つまり，ねじプラグゲージ，ねじリングゲージの，通り側と止り側を用い，めねじの内径，おねじの外径の検査には，ねじ山のないプラグゲージ，はさみゲージの通り側と止り側を用いる。

合否の判定は，通り側を無理なく通り抜け，止りねじゲージは2回転以上ねじ込まず，また止りねじはさみゲージは，いずれの方向においても通り抜けないことをJISに定めている。

(2) 三針法による有効径の測定において，有効径を求める式の導き方

教科書図1-372から，

$$d_2 = M - 2A = M - 2\left(B - C + \frac{w}{2}\right)$$

$$B = \frac{w}{2} \cdot \frac{1}{\sin\frac{\alpha}{2}}$$

$$C = \frac{P}{4}\cot\frac{\alpha}{2}$$

$$d_2 = M - 2\left(\frac{w}{2} \cdot \frac{1}{\sin\frac{\alpha}{2}}\right) + \frac{P}{2}\cot\frac{\alpha}{2} + \frac{w}{2})$$

$$= M - w\left(1 + \frac{1}{\sin\frac{\alpha}{2}}\right) + \frac{P}{2}\cot\frac{\alpha}{2} \quad \cdots\cdots\cdots\cdots(1)$$

山の角度60°のメートルねじ，ユニルァイねじでは$\alpha = 30°$

したがって，

$$\sin\frac{\alpha}{2} = 0.5$$

$$\cot\frac{\alpha}{2} = 1.73205$$

なので，これを(1)式に代入すると教科書の式が導かれる。

第7章の学習のまとめ

(1) 測定についての基礎事項について理解できたか。

(2) 単位系について理解できたか。

(3) 誤差について理解できたか。

(4) いろいろな測定について，測定器の種類，構造，精度等一般的な知識を得ることができたか。

【練習問題の解答】

1．(1)○　(2)×　(3)○　(4)×　(5)○　(6)○　(7)×　(8)○　(9)×　(10)×

第8章 品質管理

学習する過程における関連事項

　本章の学習目標は度数分布，ヒストグラム（柱状図），正規分布，パレート図，特性要因図，管理図，規格限界および抜取り検査などの品質管理用語の意味を理解することである。

| 第8章 | 関連事項 |

第4節　抜取り検査　　第7章　工作測定の方法

第1節　品質管理一般

学習のねらい

ここでは，つぎのことがらについて学ぶ。

(1) 品質管理の定義づけ

(2) 品質管理の効用

学習の手びき

教科書の内容についてよく理解すること。

第2節　品質管理用語（統計的な考え方）

学習のねらい

　われわれの作ったものを検査した記録をデータというが，このデータにはばらつきがある。そこに統計的な考え方による品質管理を行う意義がある。すなわち，われわれはこのデータをもとに，次のことがらを学ぶ。

(1)　度数分布表を作ることからはじめる。

(2)　この度数分布を視覚に訴えて一目瞭然とするものがヒストグラムである。

(3)　度数分布を調べるのはデータのばらつき，すなわち製品のでき具合のばらつきの様子を知るためである。

(4)　この度数分布をもとにそのばらつきの程度を数値で表わす方法として，平均値と範囲が使われる。

(5)　これらの結果を，統計学を応用してデータをとったものとの製品全体（これを母集団という。）のばらつきを推定しようとする。

(6)　度数分布の代表例としての正規分布

(7)　データの計量値と計数値の意味

(8)　パレート図と特性要因図の意味

学習の手びき

教科書の内容について理解すること。

第3節　管　理　図

--- 学習のねらい ―――――――――――――――――――――――

(1) 管理図とグラフの違いは，グラフがデータを一定に条件に従ってデータの変化を示すものであるのに対し，グラフの一種である管理図は，管理限界線が入っていて，この管理限界線を飛び出るデータがあったとき，あるいはグラフの点の並び方の傾向によって必要な処理をとるところにある。

(2) したがって管理図は製品のばらつきを単にグラフ化したものでなく，工程異常の発見と処置の早期実施を行うのに役立つ。

(3) もっとも多く使われているものは $\overline{x}-R$（平均値―範囲）管理図であって，計量値を扱う管理図の基本的なものである。

(4) p（不良率）管理図，pn（不良個数）管理図，c（欠点数）管理図はいずれも計数値の管理図である。

(5) その他の管理図として，計量数の管理図としては x 管理図，$\overline{x}-R$ 管理図，計数値の管理図としては U 管理図がある。

(6) 管理図をどのような目的で使うか，すなわち管理図の用途を考慮しなければならない。

―――――――――――――――――――――――――――――――

学習の手びき

教科書の内容についてよく理解すること。

第4節　抜取り検査

学習のねらい

ここでは，つぎのことがらについて学ぶ。
(1) 検査の目的とその目的に応じた検査の種類
(2) 全数検査と抜取り検査の特徴
(3) 抜取り検査でも品質検査が行える理由
(4) 計数抜取り検査と計量抜取り検査の相違点

学習の手びき

教科書の内容についてよく理解すること。

第8章の学習のまとめ

この章では品質管理および抜取り検査について学習したのであるが，これをまとめてみるとつぎのようになる。
(1) 品質管理は製品に対する品質保証を行うために必要なことである。
(2) 品質管理は統計的な手法を応用しているので，度数分布表，ヒストグラム，パレート図，母集団，標本（サンプル），平均，標準偏差などの用語がよく使われる。
(3) 度数分布の代表的な形に正規分布があるが，正規分布でもいろいろな形がある。すなわちばらつきの大小，平均値への集中の程度などで異なる。
(4) 管理図の種類と使い方
(5) 管理状態の条件のいろいろ

【練習問題の解答】

1．品質管理とは，買い手の要求に合った品質の製品を経済的につくり出すためのすべての手段の体系であり，近代的な品質管理は統計的な手段を採用しているので，とくに統計的品質管理と呼ぶことがある。

2．① その製品の品質基準を買い手に対して保証する。したがって信頼度を高める。
　　② 生産に関連するすべての部門に対して，品質に対する計数的あるいは計量的な認識を高める。
　　③ 異常原因の発見を容易にできる。したがって対策の検討が迅速にできる。
3．(1)○　(2)×　(3)○　(4)×　(5)○　(6)○　(7)○　(8)×　(9)×

第2編　機械要素

第1章　ねじおよびねじ部品

学習の目標

この章では，ねじに関する基本的事項について学習する。

第1節　ねじの原理

学習のねらい

ここでは，ねじの原理について学ぶ。

学習の手びき

ねじが幾何学的要素によって形成されることをよく理解すること。

第2節　ねじの基礎

学習のねらい

ここでは，ねじの基礎についてつぎのことがらを学ぶ。
(1)　ねじの呼びおよび有効径
(2)　リードとピッチ
(3)　並目ねじと細目ねじ

学習の手びき

ねじの基礎的事項についてよく理解すること。

第3節　ねじ山の種類と用途

> **学習のねらい**
>
> ここでは，ねじ山の種類と用途についてつぎのことがらを学ぶ。
> (1)　三角ねじ
> (2)　管用ねじ
> (3)　台形ねじ
> (4)　ボールねじ
> (5)　その他のねじ

学習の手びき

ねじの種類，用途についてよく理解すること。

第4節　ねじ部品

> **学習のねらい**
>
> ここでは，ねじ部品についてつぎのことがらを学ぶ。
> (1)　ボルトの種類と用途
> (2)　ナットの種類と用途
> (3)　小ねじ類
> (4)　インサート

学習の手びき

いろいろなねじ部品についてよく理解すること。

第5節　座　金

> **学習のねらい**
>
> ここでは，座金についてつぎのことがらを学ぶ。
> (1) 座金の種類と用途
> (2) ねじ部品のまわり止め

学習の手びき
座金の種類，形状および用途とねじ部品のまわり止めについて理解すること。

第1章の学習のまとめ
この章では，ねじに関する基本的事項としてつぎのことがらを学んだ。
(1) ねじの原理
(2) ねじの基礎
(3) ねじ山の種類と用途
(4) ねじ部品
(5) 座金

【練習問題の解答】
1．第2節2．2参照
2．軸心を垂直にしてみて，つる巻き線が右上がりであれば右ねじ，左上がりであれば左ねじである。これは，はすば歯車のねじれ方向や，コイルばねの巻き方向にも適用できる。
3．(1) 第3節3．4参照
　　(2) 第3節3．5参照
　　(3) 第4節4．3参照
　　(4) 第4節4．4参照
4．第3節3．1参照

第2章　締結用部品

学習の目標

この章では，各種の締結部品について学習する。

第1節　キ　　　ー

---　学習のねらい　---

ここでは，各種キーの種類および用途について学ぶ。

学習の手びき

キーの種類，用途についてよく理解すること。

第2節　コ　ッ　タ

---　学習のねらい　---

ここでは，コッタの種類および用途について学ぶ。

学習の手びき

コッタの種類および用途についてよく理解すること。

第3節　ピ　　ン

> **学習のねらい**
>
> ここでは，各種ピンの種類および用途について学ぶ。

学習の手びき

ピンの種類，用途についてよく理解すること。

第4節　止　め　輪

> **学習のねらい**
>
> ここでは，止め輪の種類および用途について学ぶ。

学習の手びき

止め輪の種類および用途についてよく理解すること。

第5節　リベットおよびリベット継手

> **学習のねらい**
>
> ここでは，リベットの種類および用途について学ぶ。

学習の手びき

リベットと継手の種類および用途についてよく理解すること。

第2章の学習のまとめ

この章では,つぎの締結用部品の種類,形状および用途について学んだ。

(1) キー

(2) コッタ

(3) ピン

(4) 止め輪

(5) リベットおよびリベット継手

【練習問題の解答】

1．第1節〜第5節参照

2．接線キー

3．第2節参照

第3章　軸および軸継手

学習の目標

この章では，いろいろな軸と軸継手について学習する。

第1節　軸

> **学習のねらい**
>
> ここでは，軸についてつぎのことがらを学ぶ。
> (1)　軸
> (2)　スプライン
> (3)　セレーション

学習の手びき

軸の種類および用途についてよく理解すること。

第2節　軸継手

> **学習のねらい**
>
> ここでは，軸継手についてつぎのことがらを学ぶ。
> (1)　固定軸継手
> (2)　たわみ軸継手
> (3)　自在軸継手
> (4)　クラッチ

学習の手びき

カップリング，クラッチの種類，形状および用途についてよく理解すること。

第3章の学習のまとめ

この章では,伝動部品の種類,形状および用途について学んだ。

【練習問題の解答】

1. 第2節前文参照
2. 第2節2.1参照
3. 第2節2.4参照

第4章 軸　　受

学習の目標

この章では，軸受の分類，構造および潤滑法の概要について学習する。

第1節　すべり軸受

学習のねらい

ここでは，すべり軸受についてつぎのことがらを学ぶ。
(1)　すべり軸受の種類
(2)　すべり軸受用材料
(3)　すべり軸受の潤滑

学習の手びき

すべり軸受の種類，材料および潤滑法についてよく理解すること。

第2節　転がり軸受

学習のねらい

ここでは，転がり軸受についてつぎのことがらを学ぶ。
(1)　転がり軸受の構造
(2)　転がり軸受の種類と用途

学習の手びき

転がり軸受の構造，種類および用途についてよく理解すること。

第4章の学習のまとめ

この章では，つぎの軸受の種類，構造および潤滑法について学んだ。
(1)　すべり軸受

(2) 転がり軸受

【練習問題の解答】

1．第4章前文参照
2．第1節1.2参照
3．第2節2.2参照

第5章 歯　　車

学習の目標

この章では，歯車に関する基本的事項について学習する。

第1節　歯車の歯形

学習のねらい

ここでは，歯車の歯形についてつぎのことがらを学ぶ。

(1)　インボリュート歯形

(2)　サイクロイド歯形

学習の手びき

歯形曲線の概略と通常使用される歯形をよく理解すること。

第2節　歯車の種類

学習のねらい

ここでは，歯車の種類についてつぎのことがらを学ぶ。

(1)　平行軸歯車

(2)　交差軸歯車

(3)　食違い軸歯車

学習の手びき

各種歯車の種類，形状および用途についてよく理解すること。

第3節　歯車各部の名称

> **学習のねらい**
>
> ここでは，歯車用語の意味について学ぶ。

学習の手びき

歯車用語の意味および寸法についてよく理解すること。

第5章の学習のまとめ

この章では，歯車についてつぎのことがらを学んだ。
(1)　歯車の歯形
(2)　歯車の種類
(3)　歯車各部の名称

【練習問題の解答】

1．第2節2.1参照
2．第3節前文参照
3．式（2-3）より，

$$m = \frac{d}{z} = \frac{400}{80} = 5$$

　式（2-10）より，

$$d_a = (z+2)m = 82 \times 5 = 410$$

　答 $m=5$, $d_a=410$m

第6章　ベルトおよびチェーン

学習の目標

この章では，ベルトおよびチェーン伝動について学習する。

第1節　ベルトおよびベルト車

学習のねらい

ここでは，ベルトおよびベルト車についてつぎのことがらを学ぶ。
(1)　ベルト
(2)　ベルト車
(3)　ベルト伝動

学習の手びき

ベルトの種類と用途およびベルト伝動の特徴についてよく理解すること。

第2節　チェーンおよびスプロケット

学習のねらい

ここでは，チェーン伝動について学ぶ。

学習の手びき

チェーンおよびチェーン伝動の特徴についてよく理解すること。

第6章の学習のまとめ

この章では，ベルトおよびチェーンに関してつぎのことがらを学んだ。
(1)　ベルトおよびベルト車
(2)　チェーンおよびスプロケット

【練習問題の解答】

1．第1節1.2参照　中高にすることで，ベルトの張力による分力からベルトを中央に寄せるように働くから，外れにくくなる。
2．第1節1.2参照
3．第2節参照

第7章　ば　ね

学習の目標

この章では，ばねの種類および用途について学習する。

第1節　ばねの種類と用途

学習のねらい

ここでは，ばねの種類と用途についてつぎのことがらを学ぶ。
(1) 圧縮・引張コイルばね
(2) ねじりコイルばね
(3) 重ね板ばね

学習の手びき

ばねの種類，用途についてよく理解すること。

第7章の学習のまとめ

この章では，ばねの種類と用途について学んだ。

【練習問題の解答】

1．第1節前文参照
2．第1節1.1，1.2参照

第8章　摩擦駆動および制動

学習の目標
この章では，摩擦力を利用した駆動と制動の概要について学習する。

第1節　摩擦駆動

> **学習のねらい**
> ここでは，摩擦駆動の種類および用途について学ぶ。

学習の手びき
摩擦を利用して運転を伝達する摩擦車の種類と用途をよく理解すること。

第2節　摩擦制動

> **学習のねらい**
> ここでは，摩擦制動の種類および用途について学ぶ。

学習の手びき
摩擦力を利用して運動を制動するブレーキの種類と用途をよく理解すること。

第8章の学習のまとめ
この章では，摩擦力を利用した要素としてつぎのことがらを学んだ。
(1) 摩擦駆動
(2) 摩擦制動

【練習問題の解答】
1．第1節参照
2．第2節参照

第9章 カムおよびリンク装置

学習の目標

この章では，カムおよびリンク装置について学習する。

第1節 カ ム

学習のねらい

ここでは，カムについてつぎのことがらを学ぶ。
(1) カムの種類
(2) カムの輪郭とカム線図

学習の手びき

カムの種類と運動およびカム線図についてよく理解すること。

第2節 リンク装置

学習のねらい

ここでは，リンク装置についてつぎのことがらを学ぶ。
(1) 4節リンク機構
(2) 4節リンク機構の変形

学習の手びき

リンクの基本形とリンク機構の種類および条件についてよく理解すること。

第9章の学習のまとめ

この章では，カムとリンク装置について学んだ。

【練習問題の解答】

1．第1節1.1参照

2．第2節2.1参照

3．式（2-12）より，

$b + c < a + d$

$400 + 800 < a + 500$

$(c - b) + d > a$ より，

$(800 - 400) + 500 > a$

∴ $700\text{mm} < a < 900\text{mm}$

答 $700\text{mm} < a < 900\text{mm}$

第10章　管および管継手

学習の目標
この章では，管と管継手について学習する。

第1節　管

> **学習のねらい**
>
> ここでは，管の種類および用途について学ぶ。

学習の手びき

流体の輸送に使用される管の種類と用途についてよく理解すること。

第2節　管継手

> **学習のねらい**
>
> ここでは，管継手の種類および用途について学ぶ。

学習の手びき

管継手の種類，用途などをよく理解すること。

第10章の学習のまとめ

この章では，流体輸送の要素に関し，つぎのことがらを学んだ。

(1)　管

(2)　管継手

【練習問題の解答】

1．第1節参照

2．第2節(3)参照

第11章　バルブおよびコック

学習の目標

この章では，バルブとコックおよび密封装置について学習する。

第1節　バ　ル　ブ

学習のねらい

ここでは，バルブの種類，構造および用途について学ぶ。

学習の手びき

バルブの種類，構造および用途についてよく理解すること。

第2節　コ　ッ　ク

学習のねらい

ここでは，コックの種類について学ぶ。

学習の手びき

コックの種類，構造についてよく理解すること。

第3節　密 封 装 置

> **学習のねらい**
>
> ここでは，密封装置についてつぎのことがらを学ぶ。
> (1)　固定用シール
> (2)　運動用シール

学習の手びき
流体の密封装置であるシールの種類，特徴および用途をよく理解すること。

第11章の学習のまとめ
この章では，つぎのことがらを学んだ。
(1)　バルブ
(2)　コック
(3)　密封装置

【練習問題の解答】
1．第1節参照
2．第3節3.1(1)参照
3．第3節3.2(1)，(2)参照

第3編　機械工作法

学習の目標

機械加工科において習得すべき主たる知識のうち，工作機械一般については，第1編において詳細に述べている。

本編では，

第1章に機械加工の前に行うけがきについての一般的な知識

第2章には，機械加工後に最終的に仕上げをする手仕上げ作業についての一般的な知識

第3章にはその他の工作法として，鋳造，鍛造，塑性加工，溶接，表面処理など，知っておいてほしい概略の知識

を述べたものである。

第1章　け　が　き

学習する過程における関連事項

本章を学習するに当たり，つぎの関連事項について参照するとよい。

第1章	関連事項
第1節けがき作業用工具と塗装	第1編第7章　工作測定の方法
	第2節　長さの測定
	第3節　角度の測定

第1節　けがき作業用工具と塗料

学習のねらい

ここでは，つぎのことがらについて学ぶ。

(1) けがき用定盤をはじめとする工作物の支持を目的とする工具

(2) トースカンやハイトゲージをはじめとする測定あるいは心出し用工具

(3) けがき針やコンパスなどの線引きや割出し用工具

(4) ポンチをはじめとする補助工具

(5) けがき用塗料の種類

1.1　けがき定盤

心出し定盤ともいう。

　小物定盤（加工した製品をけがく場合）は定盤面をきさげ仕上げして，当たりを35～40％にする。これはけがき工具や工作物をこの上ですべらせるとき，リンキング作用で吸い付いて動きにくくなるのを防ぐ目的と機械仕上げだけでは希望の平面度が得られない場合が多いから，きさげで修正するのである。中物，大物定盤（素材および加工途中の製品をけがく場合）は一般に機械加工したままの定盤が多い。

　その他の工具等については教科書を熟読することで十分理解できる。

第2節　けがき作業法

> **学習のねらい**
>
> ここでは，つぎのことがらについて学ぶ。
> (1) 基準面を考慮した工作物のすえつけ方
> (2) 中心の求め方
> (3) 寸法のとりかた

学習の手びき
教科書の内容を理解すること。

第1章の学習のまとめ
この章では，けがきについて学習したが，つぎのことがらについてよく理解したか。
(1) けがきが行われなければならない理由について
(2) けがき用定盤，平行台，Vブロック，金ます，アングルプレート，豆ジャッキなどの工作物保持用工具の種類，大きさ，用途，使い方
(3) 角度定規，心出し定規，けがき針，コンパス，トースカン，スケール立て，ハイトゲージ，直定規などの測定あるいは線引き用工具の使い方
(4) けがき用塗料の種類と用途
(5) けがき作業の準備，順序とけがき作業例

【練習問題の解答】
1．(1)○　(2)×　(3)×　(4)○　(5)○

第2章 手仕上げ

学習する過程における関連事項

これから本章を学習するに当たり,つぎに示す事項は関連があるので対照しながら学習するとよい。

第2章	関連事項
第1節 手仕上げ作業の種類と工具	第1編第2章 ドリル選択・旋盤加工法 第2章第4節,第5節

第1節 手仕上げ作業の種類と工具

学習のねらい

ここでは,つぎのことがらについて学ぶ。
(1) 手仕上げ作業の種類と作業用工具
(2) たがね作業の目的と方法
(3) やすり作業の方法
(4) きさげ作業の特徴と作業方法
(5) 手仕上げによる穴あけ作業の方法
(6) ねじ切り用工具,リーマ通しの目的と工具
(7) のこびき作業の方法

学習の手びき

教科書の内容を理解すること。

第2章の学習のまとめ

この章では,手仕上げ作業について学習したが,つぎのことがらを理解したか。
(1) 手仕上げ作業が機械工作の分野で占める位置と重要性
(2) 手仕上げ作業の種類と特徴および要点

(3) 各手仕上げ作業間の関連性
(4) 機械加工と手仕上げ作業との関連性

【練習問題の解答】

1．(1)×　(2)×　(3)○　(4)○

第3章　その他の工作法

学習する過程における関連事項

学習するに当たりつぎに示す事項はそれぞれ関連があるので，そちらの方も対照しながら勉強するとよい。

```
第3章                    関連事項
 第1節　鋳造作業  ┐  ┌ 第5編第1章　金属材料の種類，成分，性質および用途
 第2節　塑性加工  ├──┤
 第3節　溶接      ┘  └ 第4編第4章　金属材料試験方法
```

第1節　鋳　造　作　業

学習のねらい

ここでは，つぎのことがらについて学ぶ。鋳造製品は機械部品としての工作対象物であるばかりでなく，機械の構成部材としても広く使われているので，鋳造作業の概略を知っておく必要がある。

(1) 鋳造作業とはどのようなことであるか。
(2) 鋳造製品と模型の縮みしろとの関係および鋳物尺の重要性
(3) 模型と鋳型の種類および押し湯の効用

学習の手びき

鋳造作業に関する必要な知識としてはこの教科書の内容を理解することで十分だと思う。

第2節　塑性加工

― 学習のねらい ―

　ここでは，鍛造，製缶，板金，プレス，絞り加工，転造など，いわゆる塑性加工について学ぶ。
　塑性加工には数々の利点があるので，その応用範囲が広く，従来は鋳造製品だったものを塑性加工製品に切り替えているものも多いし，これらのものを加工することも多いので塑性加工製品についての概略を知っておく必要がある。
　(1)　塑性変形とはどのようなことか。
　(2)　塑性加工できる材料とできない材料
　(3)　自由鍛造と型鍛造の相違点
　(4)　鍛造用設備，工具の種類と鍛造法
　(5)　製缶および板金加工の工程と機械設備とプレス加工

学習の手びき

教科書の内容を理解すること。

第3節　溶　　接

― 学習のねらい ―

　塑性加工が発達したのは溶接技術が進歩したからであるといっても過言ではない。特に製缶加工，板金加工においては，溶接による接合がさかんに行われている。
　この節では，この溶接についての概略の知識を学習するので，溶接法の種類と特長についてよく理解すること。

学習の手びき

教科書の内容を理解すること。

第4節　表　面　処　理

> **学習のねらい**
>
> 　ここでは，防せいを主とする表面処理について学ぶ。金属の中で鉄はとくにさびを発生しやすい。美観を保ったり，商品価値を高める必要もあり，表面処理はこのような目的で行うのであるから，つぎのことがらについて理解しておく必要がある。
> (1)　さびの発生と予防対策としての防せいの方法
> (2)　金属被覆による防せいと，防せい以外の効果
> (3)　非金属被覆による防せい
> (4)　めっき法の種類と方法
> (5)　塗装の方法と塗料の種類，用途

学習の手びき

教科書の内容を理解すること。

第5節　粉　末　や　金

> **学習のねらい**
>
> 　ここでは，粉末や金とはどのような加工法か，また，その種類や用途はどうかについて学ぶ。粉末や金の製品には，切削工具として広く使われている超硬合金のほか，機械部品，多孔質部品や摩擦部品として使われる製品があることを理解しておくとよい。

学習の手びき

教科書の内容を理解すること。

第3章の学習のまとめ

　この章では，一般の工作機械によらない，金属の加工法について学習したのであるが，これらをまとめてみるとつぎのようになる。

(1) 鋳造の特徴すなわち金属を溶解して鋳型に流し込み，これを冷却することによって製品を得るための工程および工程ごとの主要点
(2) 塑性加工の特長と，鍛造，製缶，板金，など塑性加工の種類，工程，作業方法など
(3) 各種溶接法の種類
(4) 表面処理の必要性とその種類

【練習問題の解答】
1. (1) ①冷えて ②収縮 ③縮みしろ ④模型 ⑤鋳物尺
　(2) ①特徴 ②後 ③体積
　(3) ①板金 ②規格 ③有効 ④切断位置 ⑤けがき線
　(4) ①電気溶接 ②全自動 ③直流 ④交流
　(5) ①赤さび ②酸化 ③水 ④酸素
　(6) ①めっき ②防せい油塗布 ③表面処理 ④高温加工 ⑤除去

第4編　材料力学

第1章　荷重，応力およびひずみ

学習の目標

この章では，材料力学の基礎となる荷重，応力およびひずみについて学習する。

第1節　荷重および応力の種類

学習のねらい

ここでは，荷重および応力の種類についてつぎのことがらを学ぶ。
(1)　荷重の種類
(2)　応力の種類
(3)　単純応力の計算

学習の手びき

荷重，応力の種類およびその計算法を理解すること。

第2節　荷重，応力，ひずみおよび弾性係数の関係

学習のねらい

ここでは，つぎのことがらについて学ぶ。
(1)　ひずみの種類
(2)　応力ひずみ線図
(3)　弾性係数

学習の手びき

荷重, 応力, ひずみおよび弾性係数の関係の概略を理解すること。

第1章の学習のまとめ

この章では, 荷重, 応力およびひずみについてつぎのことがらを学んだ。

(1) 荷重および応力の種類

(2) 荷重, 応力, ひずみおよび弾性係数の関係

【練習問題の解答】

1. (1) (9.8), (9.8×10^4), (98)

   (2) (402), (402×10^6), (402)

   (3) (20.6×10^{10}), (206)

2. 式(4-1)より,

$$\sigma c = \frac{W}{A} = \frac{6\times10^3\,[\text{N}]}{20^2\,[\text{mm}^2]} = 15\,[\text{N/mm}^2] = 15\times10^6\,[\text{N/m}^2]\,[\text{Pa}] = 15\,[\text{MPa}]$$

答 15MPa

3. 式(4-4)より,

$$\varepsilon = \frac{\lambda}{l_0} = \frac{102-100\,[\text{cm}]}{100\,[\text{cm}]} = 0.02$$

答 0.02

4. 式(4-7)より,

$$\lambda = \frac{\sigma l_0}{E} = \frac{4\times10^6\,[\text{N/m}^2]\times10\,[\text{m}]}{200\times10^9\,[\text{N/m}^2]} = 0.2\times10^{-3}\,[\text{m}] = 0.2\,[\text{mm}]$$

答 0.2mm

5. 第2節 2.2 表4-1参照

第2章　単純ばり

学習の目標
この章では，曲げ作用を受けるはりの基本的事項について学習する。

第1節　はりに働く力のつりあい

学習のねらい

ここでは，つぎのことがらについて学ぶ。
(1) 外力およびモーメントのつりあい
(2) せん断力
(3) 曲げモーメント

学習の手びき

はりに働くせん断力と曲げモーメントの概略について理解すること。

第2節　せん断力図と曲げモーメント図

学習のねらい

ここでは，つぎのことがらについて学ぶ。
(1) 集中荷重を受ける単純ばり
(2) 等分布荷重を受ける単純ばり

学習の手びき

単純ばりのせん断力図と曲げモーメント図を理解すること。

第3節　はりに生ずる応力とたわみ

学習のねらい

ここでは，つぎのことがらについて学ぶ。

(1) はりの強さの基本公式

(2) 断面係数

学習の手びき

はりの強さの算出について概略を理解すること。

第2章の学習のまとめ

この章では，単純ばりについてつぎのことがらを学んだ。

(1) はりに働く力のつりあい

(2) せん断力図と曲げモーメント図

(3) はりに生ずる応力とたわみ

【練習問題の解答】

1．(a) 式（4-10）より，$6000\times100+3000\times400-R_A\times600=0$

$$R_A=\frac{600000+1200000}{600}=3000 \text{〔N〕}$$

$R_B=6000+3000-R_A=6000 \text{〔N〕}$

C点の曲げモーメント

$M_C=R_A\times200=3000\times200=600000 \text{〔N·mm〕}=600 \text{〔N·m〕}$

D点の曲げモーメント

$M_D=R_A\times500-3000\times300=600000 \text{〔N·mm〕}=600 \text{〔N·m〕}$

　　（$M_D=R_B\times100$としてもよい。）

(b) 式（4-13）より，

$$M\max = \frac{wl^2}{8} = \frac{10 \times 800^2}{8} = 800000 \text{ [N·mm]} = 800 \text{ [N·m]}$$

答 (a) 600N·m, (b) 800N·m

2. 表4−2より, $Z = \dfrac{h^3}{6} = \dfrac{60^3}{6} = 36000 \text{ [mm}^3\text{]}$

式(4-14)より,

(a)
$$\sigma_b = \frac{M}{Z} = \frac{600000 \text{ [N·mm]}}{36000 \text{ [mm}^3\text{]}} = 16.7 \text{ [N/mm}^2\text{]} = 16.7 / 10^6 \text{ [N/m}^2\text{]}$$
$$= 16.7 \text{ [MPa]}$$

(b)
$$\sigma_b = \frac{M}{Z} = \frac{800000 \text{ [N·mm]}}{36000 \text{ [mm}^3\text{]}} = 22.2 \text{ [N/mm}^2\text{]} = 22.2 / 10^6 \text{ [N/m}^2\text{]}$$
$$= 22.2 \text{ [MPa]}$$

答 (a) 16.7MPa, (b) 22.2MPa

第3章 応力集中，安全率および疲労

学習の目標

この章では，応力集中，安全率および疲労について学習する。

第1節 応 力 集 中

学習のねらい

ここでは，つぎのことがらについて学ぶ。
(1) 切欠きの影響
(2) 応力集中係数

学習の手びき

切欠きと応力集中の概略を理解すること。

第2節 安 全 率

学習のねらい

ここでは，つぎのことがらについて学ぶ。
(1) 許容応力
(2) 安全率の決定法

学習の手びき

許容応力と安全率のとり方の概略を理解すること。

第3節　金属材料の疲労

学習のねらい

ここでは，つぎのことがらについて学ぶ。
(1) 疲労による破損
(2) 疲れ限度

学習の手びき

疲労による破損や疲れ限度の概略を理解すること。

第3章の学習のまとめ

この章では，つぎのことがらを学んだ。
(1) 応用集中
(2) 安全率
(3) 金属材料の疲労

【練習問題の解答】

1．第1節　1.1，1.2参照
2．第2節　2.1参照
3．第3節　3.2参照
4．式（4-16）より，

$$\sigma_a = \frac{\sigma_B}{S} = \frac{402 \text{ (N/mm}^2\text{)}}{4} = 67 \text{ (N/mm}^2\text{)}$$
$$= 67 \times 10^6 \text{ (N/m}^2\text{)} = 67 \text{ (MPa)}$$

答　67MPa以下の応力で使用する。

第5編　材　　料

第1章　金属材料

学習の目標

この章では，鉄鋼材料と非鉄金属材料について学習する。

第1節　鋳鉄と鋳鋼

学習のねらい

ここでは，つぎのことがらについて学ぶ。
(1)　ねずみ鋳鉄
(2)　球状黒鉛鋳鉄
(3)　可鍛鋳鉄
(4)　鋳鋼

学習の手びき

鋳鉄と鋳鋼の性質と用途を理解すること。

第2節　炭素鋼と合金鋼

学習のねらい

ここでは，つぎのことがらについて学ぶ。
(1)　炭素鋼
(2)　合金鋼

学習の手びき

炭素鋼と合金鋼の種類と用途を理解すること。

第3節　銅と銅合金

学習のねらい

ここでは，つぎのことがらについて学ぶ。
(1) 銅
(2) 銅合金

学習の手びき

銅の性質と銅合金の種類と用途を理解すること。

第4節　アルミニウムとアルミニウム合金

学習のねらい

ここでは，つぎのことがらについて学ぶ。
(1) アルミニウム
(2) アルミニウム合金

学習の手びき

アルミニウムの性質と用途，アルミニウム合金の種類，性質と用途を理解すること。

第5節　粉末や金と焼結合金

学習のねらい

ここでは，つぎのことがらについて学ぶ。

(1) 超硬焼結工具材料
(2) セラミック工具
(3) サーメット

学習の手びき

超硬焼結工具材料について理解すること。

第6節　その他の金属と合金

学習のねらい

ここでは，つぎのことがらについて学ぶ。

(1) チタンとチタン合金
(2) すず，鉛，亜鉛とその合金
(3) 軸受用合金

学習の手びき

チタンおよび白色金属の性質と用途を理解すること。

第1章の学習のまとめ

この章では，金属材料についてつぎのことがらを学んだ。

(1) 鋳鉄と鋳鋼
(2) 炭素鋼と合金鋼
(3) 銅と銅合金
(4) アルミニウムとアルミニウム合金
(5) 超硬焼結工具材料

(6) その他の金属と合金

【練習問題の解答】

1．第1節1.1参照
2．第1節1.3(1), (2), (3)参照
3．第2節2.1(2)参照
4．第2節2.2(1), (2), (3), (4), (5), (6)参照
5．第3節3.2(1), (3)参照
6．第5節5.1(3), (4)参照
7．第6節6.2参照

第2章　金属材料の性質

学習の目標

この章では，金属材料の性質について学習する。

第1節　引 張 強 さ

――― 学習のねらい ―――
　ここでは，金属材料の引張強さについて学ぶ。

学習の手びき

引張強さの表示方法を理解すること。

第2節　破断伸び（伸び）

――― 学習のねらい ―――
　ここでは，金属材料の破断伸び（伸び）について学ぶ。

学習の手びき

破断伸びの表示方法を理解すること。

第3節　延性および展性

――― 学習のねらい ―――
　ここでは，延性，展性について学ぶ。

学習の手びき

延性および展性を理解すること。

第4節 硬さ

> **学習のねらい**
> ここでは，硬さについて学ぶ。

学習の手びき

硬さの意味を理解すること。

第5節 加工硬化

> **学習のねらい**
> ここでは，加工硬化について学ぶ。

学習の手びき

加工硬化の現象を理解すること。

第6節 もろさおよび粘り強さ

> **学習のねらい**
> ここでは，もろさおよび粘り強さについて学ぶ。

学習の手びき

もろさおよび粘り強さを理解すること。

第7節　熱　膨　張

> **学習のねらい**
>
> ここでは，熱膨張について学ぶ。

学習の手びき

熱膨張の大きいものと小さいものとがあることを理解すること。

第8節　熱　伝　導

> **学習のねらい**
>
> ここでは，熱伝導について学ぶ。

学習の手びき

熱伝導の大きいものと小さいものがあることを理解すること。

第2章の学習のまとめ

この章では，金属材料の性質についてつぎのことがらを学んだ。

(1) 引張強さ
(2) 破断伸び（伸び）
(3) 延性および展性
(4) 硬さ
(5) 加工硬化
(6) もろさおよび粘り強さ
(7) 熱膨張
(8) 熱伝導

【練習問題の解答】

1. (1) 第1節参照
   (2) 第3節参照
   (3) 第4節参照
   (4) 第2節参照
   (5) 第5節参照
   (6) 第6節参照
   (7) 第7節参照
2. 鉛，アルミニウムは大きく，36％Ni鋼がもっとも小さい。
3. 鉄の方が熱を伝えやすい。

第3章　金属材料の熱処理

この章では，金属材料の熱処理方法とその用途について学習する。

第1節　焼　入　れ

学習のねらい

　ここでは，焼入れについて学ぶ。

学習の手びき

焼入れ温度と冷却速度により，組織が異なることをよく理解すること。

第2節　焼　も　ど　し

学習のねらい

　ここでは，焼もどしについて学ぶ。

学習の手びき

焼もどし温度と組織の変化をよく理解すること。

第3節　焼なまし

> **学習のねらい**
>
> ここでは，つぎのことがらについて学ぶ。
> (1) 完全焼なまし
> (2) 軟化焼なまし
> (3) 応力除去焼なまし

学習の手びき

焼なましの種類と組織の変化をよく理解すること。

第4節　焼ならし

> **学習のねらい**
>
> ここでは，焼ならしについて学ぶ。

学習の手びき

焼ならしの方法と組織をよく理解すること。

第5節　表面硬化処理

> **学習のねらい**
>
> ここでは，つぎのことがらについて学ぶ。
> (1) 浸炭法
> (2) 窒化法
> (3) 表面焼入れ

学習の手びき

表面硬化処理の方法を理解すること。

第3章の学習のまとめ

この章では，金属材料の熱処理についてつぎのことがらを学んだ。

(1) 焼入れ

(2) 焼もどし

(3) 焼なまし

(4) 焼ならし

(5) 表面硬化処理

【練習問題の解答】

1．(1) 第1節参照

　　(2) 第2節参照

　　(3) 第3節参照

　　(4) 第4節参照

2．第5節5.1, 5.2, 5.3参照

第4章　材料試験方法

学習の目標

この章では，主として試験片を用いる試験方法について学習する。

第1節　引張試験方法

- 学習のねらい -

　ここでは，引張試験方法について学ぶ。

学習の手びき

金属材料引張試験片の種類と引張強さの求め方を理解すること。

第2節　曲げ試験方法

- 学習のねらい -

　ここでは，つぎのことがらについて学ぶ。
  (1)　曲げ試験方法
  (2)　抗折試験方法

学習の手びき

曲げ試験方法と抗折試験方法を理解すること。

第3節　硬さ試験方法

学習のねらい

ここでは，つぎのことがらについて学ぶ。
(1)　ロックウェル硬さ試験方法
(2)　ショア硬さ試験方法
(3)　ブリネル硬さ試験方法
(4)　ビッカース硬さ試験方法

学習の手びき

各種の硬さ試験方法を理解すること。

第4節　衝撃試験方法

学習のねらい

ここでは，つぎのことがらについて学ぶ。
(1)　シャルピー衝撃試験方法
(2)　アイゾット衝撃試験方法

学習の手びき

衝撃試験方法を理解すること。

第4章の学習のまとめ

この章では，機械試験について次のことがらを学んだ。
(1)　引張試験方法
(2)　曲げ試験方法
(3)　硬さ試験方法
(4)　衝撃試験方法

【練習問題の解答】

1. 50mm
2. 第2節2.1, 2.2参照
3. 第3節3.1, 3.2, 3.3, 3.4参照
4. 第4節4.1, 4.2参照

第5章　非破壊試験

学習の目標

この章では，製品に直接行える試験方法である非破壊試験方法について学習する。

第1節　超音波探傷試験方法

学習のねらい

ここでは，超音波探傷試験方法について学ぶ。

学習の手びき

原理とどのような欠陥の発見に用いるのかを理解すること。

第2節　磁粉探傷試験方法

学習のねらい

ここでは，磁粉探傷試験方法について学ぶ。

学習の手びき

原理とどのような欠陥の発見に用いるのかを理解すること。

第3節　浸透探傷試験方法

学習のねらい

ここでは，つぎのことがらについて学ぶ。

(1)　染色浸透探傷試験方法

(2)　けい光浸透探傷試験方法

学習の手びき

原理とどのような欠陥の発見に用いるのかを理解すること。

第4節　放射線透過試験方法

学習のねらい

ここでは，つぎのことがらについて学ぶ。

(1)　X線透過試験方法

(2)　γ線透過試験方法

学習の手びき

原理とどのような欠陥の発見に用いるのかを理解すること。

第5節　火花試験

学習のねらい

ここでは，火花試験について学ぶ。

学習の手びき

火花試験の用途を理解すること。

第5章の学習のまとめ

この章では，非破壊試験について次のことがらを学んだ。
(1) 超音波探傷試験方法
(2) 磁粉探傷試験方法
(3) 浸透探傷試験方法
(4) 放射線透過試験方法
(5) 火花試験

【練習問題の解答】

1．第1節～第5節参照

第6編 製　　図

第1章　製図の概要

学習の目標

この章では，製図の概要として製図規格，図面の形式について学習する。

第1節　製図の規格

> **学習のねらい**
>
> ここでは，製図に関連する規格について学ぶ。

学習の手びき

製図規格の意味についてよく理解すること。

第2節　図面の形式

> **学習のねらい**
>
> ここでは，つぎのことがらについて学ぶ。
> - (1)　図面の大きさおよび様式
> - (2)　図面に用いる尺度
> - (3)　図面に用いる線
> - (4)　図面に用いる文字

学習の手びき

図面の大きさ，尺度，線や文字などについてよく理解すること。

第1章の学習のまとめ

この章では，製図の概要としてつぎのことがらを学んだ。

(1)　製図の規格

(2)　図面の形式

【練習問題の解答】

1．第2節2.3(1)参照

2．第2節2.3表6－4参照

3．第2節2.4参照

第2章　図形の表し方

学習の目標

この章では，製図における図形の表し方について学習する。

第1節　投　影　法

── 学習のねらい ──
ここでは，投影法について学ぶ。

学習の手びき

投影法の概要と第三角法をよく理解すること。

第2節　図形の表し方

── 学習のねらい ──
ここでは，つぎのことがらについて学ぶ。
(1)　投影図の示し方
(2)　補助投影図
(3)　回転投影図
(4)　部分投影図
(5)　局部投影図
(6)　対称図形の省略
(7)　繰返し図形の省略
(8)　中間部の省略

学習の手びき

主投影図をはじめ，これを補足する方法，簡略する方法，省略する方法などについてよく理解すること。

第3節　断面図の示し方

> **学習のねらい**
>
> ここでは，つぎのことがらについて学ぶ。
> (1) 全断面図
> (2) 片側断面図
> (3) 部分断面図
> (4) 回転図示断面図
> (5) 組合せによる断面図
> (6) 長手方向に切断しないもの
> (7) 薄肉部の断面

学習の手びき

断面図を読む場合，まず，その図がどこで切断してあるかをつかむことである。各種の断面図についてよく理解すること。

第4節　特別な図示方法

> **学習のねらい**
>
> ここでは，つぎのことがらについて学ぶ。
> (1) 展開図
> (2) 簡明な図示
> (3) 相貫線の省略図示
> (4) 平面の表示
> (5) 模様などの表示

学習の手びき

図を見やすく，理解しやすくするための特別な図示方法をよく理解すること。

第2章の学習のまとめ

この章では，図形の表し方についてつぎのことがらを学んだ。

(1) 投影法
(2) 図形の表し方
(3) 断面図の示し方
(4) 特別な図示方法

【練習問題の解答】

1．第2節2.1参照
2．第2節2.2参照
3．第2節2.6参照
4．第3節前文参照
5．第4節4.3参照

第3章 寸法記入

学習の目標

この章では，寸法記入方法について学習する。

第1節 寸法記入方法の一般形式

> **学習のねらい**
>
> ここでは，つぎのことがらについて学ぶ。
> (1) 寸法線・寸法補助線・端末記号
> (2) 寸法数値の位置と向き
> (3) 狭い所での寸法記入

学習の手びき

寸法記入方法の形式についてよく理解すること。

第2節 寸法の配置

> **学習のねらい**
>
> ここでは，つぎのことがらについて学ぶ。
> (1) 直列寸法記入法
> (2) 並列寸法記入法
> (3) 累進寸法記入法
> (4) 座標寸法記入法

学習の手びき

寸法の配置を基にした記入方法についてよく理解すること。

第3節　寸法補助記号の使い方

---　学習のねらい　---

ここでは，つぎのことがらについて学ぶ。
(1)　直径の表し方
(2)　半径の表し方
(3)　球の直径または半径の表し方
(4)　正方形の辺の表し方
(5)　厚さの表し方
(6)　弦・円弧の長さの表し方
(7)　面取りの表し方

学習の手びき

寸法の意味を明確にするための寸法補助記号についてよく理解すること。

第4節　曲線の表し方

---　学習のねらい　---

ここでは，曲線の表し方について学ぶ。

学習の手びき

曲線で構成された形状の表し方についてよく理解すること。

第5節　穴の表し方

学習のねらい

ここでは，穴の表し方について学ぶ。

学習の手びき

各種穴の表し方についてよく理解すること。

第6節　キー溝の表し方

学習のねらい

ここでは，つぎのことがらについて学ぶ。
(1)　軸のキー溝の表し方
(2)　穴のキー溝の表し方

学習の手びき

キー溝の表し方についてよく理解すること。

第7節　テーパ・こう配の表し方

学習のねらい

ここでは，テーパとこう配の表し方について学ぶ。

学習の手びき

テーパとこう配の寸法記入についてよく理解すること。

第8節　その他の一般的注意事項

--- 学習のねらい ---
ここでは，その他の一般的注意事項について学ぶ。

学習の手びき

一般的注意事項についてよく理解すること。

第3章の学習のまとめ

この章では，寸法記入についてつぎのことがらを学んだ。

(1) 寸法記入の一般形式
(2) 寸法の配置
(3) 寸法補助記号の使い方
(4) 曲線の表し方
(5) 穴の表し方
(6) キー溝の表し方
(7) テーパ・こう配の表し方
(8) その他の一般的注意事項

【練習問題の解答】

1．第1節1.1参照
2．第1節1.3参照
3．第3節3.6参照
4．第5節参照
5．第6節6.1参照

第4章 寸法公差およびはめあい

学習の目標

この章では，はめあいに関する用語，種類，および記入方法について学習する。

第1節 寸法公差

── 学習のねらい ──

ここでは，規格で用いる用語の意味について学ぶ。

学習の手びき

寸法公差に関する用語をよく理解すること。

第2節 はめあい

── 学習のねらい ──

ここでは，つぎのことがらについて学ぶ。
(1) 規格で用いる用語の意味
(2) 公差と公差域

学習の手びき

はめあいに関する用語，種類および等級についてよく理解すること。

第3節　はめあい方式

―― 学習のねらい ――
ここでは，つぎのことがらについて学ぶ。
(1)　穴基準はめあい
(2)　軸基準はめあい
(3)　常用するはめあい

学習の手びき

はめあい方式についてよく理解すること。

第4節　寸法の許容限界記入方法

―― 学習のねらい ――
ここでは，つぎのことがらについて学ぶ。
(1)　長さ寸法の許容限界の記入方法
(2)　組み立てた状態での寸法の許容限界の記入方法
(3)　角度寸法の許容限界の記入方法

学習の手びき

許容限界の記入法についてよく理解すること。

第4章の学習のまとめ

この章では，はめあいに関してつぎのことがらを学んだ。
(1)　寸法公差
(2)　はめあい
(3)　はめあい方式
(5)　寸法の許容限界の記入方法

【練習問題の解答】

1. a, b；第1節1.1参照, c；第2節2.1参照
2. 第3節前文　参照
3. 第3節3.3表6－9参照
4. 0.022

第5章　面の肌の図示方法

学習の目標

この章では，表面粗さおよび面の肌の図示方法について学習する。

第1節　表　面　粗　さ

> **学習のねらい**
>
> ここでは，つぎのことがらについて学ぶ。
> (1)　断面曲線と粗さ曲線
> (2)　中心線平均粗さ（Ra）
> (3)　最大高さ（Rmax）
> (4)　十点平均粗さ（Rz）
> (5)　粗さの標準数列とカットオフ値または基準長さの標準値

学習の手びき

面の肌の1つである表面粗さについてよく理解すること。

第2節　面の肌の図示方法

> **学習のねらい**
>
> ここでは，つぎのことがらについて学ぶ。
> (1)　対象面，除去加工の要否の指示
> (2)　表面粗さの指示方法
> (3)　特殊な要求事項の指示方法
> (4)　図面記入方法

学習の手びき

表面粗さや加工方法の指示法についてよく理解すること。

第3節　仕上げ記号による記入方法

学習のねらい

ここでは，つぎのことがらについて学ぶ。

(1)　仕上げ記号

(2)　図面記入方法

学習の手びき

仕上げ記号による記入法をよく理解すること。

第5章の学習のまとめ

この章では，面の指示としてつぎのことがらを学んだ。

(1)　表面粗さ

(2)　面の肌の図示方法

(3)　仕上げ記号による記入方法

【練習問題の解答】

1．第5章前文参照

2．第1節前文参照

3．第2節2.1参照

4．第2節2.3表6－12参照

5．第3節3.1表6－15参照

第6章　幾何公差の図示方法

学習の目標

この章では，幾何公差の図示方法の概略について学習する。

第1節　平面度・直角度などの図示方法

学習のねらい

ここでは，つぎのことがらについて学ぶ。
(1)　幾何公差の種類と記号
(2)　公差の図示方法

学習の手びき

幾何公差は，機能上の要求，互換性などに基づいて不可欠の所にだけ指定する。幾何公差の概要についてよく理解すること。

第6章の学習のまとめ

この章では，幾何公差の概要について学んだ。

第7章　溶接記号

学習の目標

この章では，溶接記号について学習する。

第1節　溶接記号

学習のねらい

ここでは，つぎのことがらについて学ぶ。

(1)　溶接記号

(2)　溶接記号の記入方法

学習の手びき

溶接記号およびその記入法についてよく理解すること。

第7章の学習のまとめ

この章では，溶接記号とその記入法について学んだ。

【練習問題の解答】

1．第1節1.1表6−18，19参照

2．第1節1.2表6−20参照

第8章　材 料 記 号

学習の目標
この章では，金属材料のおもな材料記号について学習する。

第1節　材 料 記 号

学習のねらい

ここでは，つぎのことがらについて学ぶ。
(1) 鉄鋼材料記号の表し方
(2) 非鉄金属材料記号の表し方

学習の手びき
材料記号の構成とおもな材料記号の表示をよく理解すること。

第8章の学習のまとめ
この章では，材料記号の構成およびおもな金属材料の記号について学んだ。

【練習問題の解答】
1．第1節1.1参照
2．(1) 炭素工具鋼　(2) 軟鋼線材　(3) 高力黄銅鋳物　(4) りん青銅鋳物
3．(1) 引張強さ（N/mm²）　(2) 種類の記号　(3) 炭素含有量（0.50%）

第9章　ねじ・歯車などの略画法

学習の目標

この章では，機械要素のうち，ねじ，歯車の製図について学習する。

第1節　ねじ製図

学習のねらい

ここでは，つぎのことがらについて学ぶ。

(1) ねじおよびねじ部品の図示方法

(2) ねじの表し方

学習の手びき

ねじの図示と表し方についてよく理解すること。

第2節　歯車製図

学習のねらい

ここでは，つぎのことがらについて学ぶ。

(1) 歯車の図示

(2) 簡略図示方法

学習の手びき

歯車製図について理解すること。

第9章の学習のまとめ

この章では，機械要素の製図についてつぎのことがらを学んだ。

(1) ねじ製図

(2) 歯車製図

【練習問題の解答】

1. 第1節1.1参照
2. 第1節1.2参照
3. 第2節2.1(1)参照
4. ねじの場合と同じで,軸線を垂直にして見たとき,歯すじが右上がりのものが右,左上がりのものが左である。

第7編 電　気

第1章 電気用語

学習の目標

この章では，電気用語基礎なものについて学ぶ。

第1節 電　流

第2節 電　圧

第3節 電気抵抗

学習のねらい

ここでは，つぎのことがらについて学ぶ。
(1) 電流
(2) 電圧
(3) 電気抵抗および電流，電圧との関係を表すオームの法則

学習の手びき

オームの法則を理解すること。

第4節 電　力

学習のねらい

ここでは，電力について学ぶ。

学習の手びき

電力の計算と電力量の計算ができるようになること。

第5節　周　波　数

── 学習のねらい ──
ここでは，周波数について学ぶ。

学習の手びき

周波数が地域によって異なることを知っておくこと。

第7節　力　　　率

── 学習のねらい ──
ここでは，力率について学ぶ。

学習の手びき

交流には力率があることを理解すること。

第1章の学習のまとめ

(1) 電流の流れる方向と単位について理解することができたか。
(2) 電圧の単位について理解することができたか。
(3) 電力の意味を理解することができたか。
(4) オームの法則の意味を理解することができ，これを用いて計算することができるか。
(5) 周波数について理解することができたか。
(6) 力率について理解することができたか。

【練習問題の解答】

1．第3節参照
2．第4節参照
3．第5節図7－4参照
4．第6節参照

第2章　電気機械器具の使用方法

学習の目標

この章では，電気機械器具の用途とその使用方法について学習する。

第1節　開閉器の取付けおよび取扱い

学習のねらい

ここでは，つぎのことがらについて学ぶ。

(1)　ナイフスイッチ
(2)　箱開閉器
(3)　配線用しゃ断器
(4)　交流電磁開閉器

学習の手びき

開閉器（ナイフスイッチ）の種類その用途を理解すること。

第2節　電線の種類および用途

学習のねらい

ここでは，電線の種類と用途について学ぶ。

学習の手びき

電線の種類と用途を理解すること。

第3節　電動機の始動方法

> **学習のねらい**
> ここでは，電動機の始動方法について学ぶ。

学習の手びき

電動機の始動方法について理解すること。

第4節　電動機に生じやすい故障の種類

> **学習のねらい**
> ここでは，電動機に生じやすい故障について学ぶ。

学習の手びき

故障の種類を知り，故障を発生させないようにすることを理解すること。

第5節　交流電動機の回転数，極数および周波数の関係

> **学習のねらい**
> ここでは，電動機の回転数が，極数と周波数によって異なることを学ぶ。

学習の手びき

誘導電動機の回転数が50Hz地域と60Hz地域で異なることを理解すること。

第6節　電動機の回転方向の変換方法

> **学習のねらい**
> ここでは，電動機の回転方向の変換方法について学ぶ。

学習の手びき

回転方向の変換方法を理解すること。

第2章の学習のまとめ

(1)　開閉器の種類とそれぞれの用途について理解することができたか。
(2)　電線の種類とその用途について理解することができたか。
(3)　電動機の始動方法について理解することができたか。
(4)　電動機の回転数について理解することができたか。
(5)　三相誘導電動機の回転方向の変換について理解することができたか。

【練習問題の解答】

1. (1)　第1節1.1参照
   (2)　第1節1.2参照
   (3)　第1節1.3参照
   (4)　第1節1.4参照
2. (1)　屋外，引込み用
   (2)　屋内，屋外，地中
   (3)　おもに移動用
3. 第3節(1)参照
4. 第5節式（7-7）参照

$$N_0 = \frac{120f}{P} \text{ [rpm]} \text{ より，}$$

$$N_0 = \frac{120 \times 50}{2} = 3000 \text{ [rpm]}$$

答　1分間に3000回転

第8編　安全衛生

第1章　労働災害のしくみと災害防止

第1節　安全衛生の意義

学習のねらい

ここでは，つぎのことがらについて学ぶ。
(1) 安全衛生とは
(2) 社会的見地からみた安全衛生
(3) 生活面からみた安全衛生
(4) 生産の立場からみた安全衛生

学習の手びき

安全衛生の意義についてよく理解すること。

第2節　労働災害発生のメカニズム

学習のねらい

ここでは，つぎのことがらについて学ぶ。
(1) 労働災害は，どのような状態のとき発生するか。
(2) 労働災害発生の原因は何か。
(3) 労働災害を防止するにはどうしたらよいか。
(4) 労働災害防止のためのポイントは何か。

学習の手びき

労働災害発生の原因を自分の職場でもよく考え，防止するための対策を把握しておくこと。

第3節　健康な職場づくり

> **学習のねらい**
> 労働災害のない職場づくりについて考え，健康の維持についてもその方策を学ぶ。

学習の手びき（省略）

第1章の学習のまとめ
(1) 安全衛生の意義について理解することができたか。
(2) 労働災害がどのようにして発生するか，またそれを防止するにはどうしたらよいか理解することができたか。
(3) 健康を維持することについて理解することができたか。

【練習問題の解答】
1．第2節参照
2．整理（Seiri），整頓（Seiton），清掃（Seisou），清潔（Seiketsu），躾（Sitsuke）
3．第2節2.4参照
4．第2節2.4参照

第2章　設備，環境の安全化

第1節　機械・設備の安全化の基本

> **学習のねらい**
>
> ここでは，機械・設備の安全化の基本的な考え方について学ぶ。

学習の手びき

教科書により機械・設備の安全化について理解を深めること。

第2節　機械・設備の安全化

学習のねらい（省略）

学習の手びき（省略）

第3節　作業環境の改善

学習のねらい（省略）

学習の手びき（省略）

第4節　定期の点検

> **学習のねらい**
>
> ここでは，定期に行う点検の目的と実施上の留意点について学ぶ。

学習の手びき

教科書により定期の点検について理解を深めること。

第2章の学習のまとめ

(1) 機械・設備の安全化の基本的な考え方を理解することができたか。

(2) 機械・設備の定期の点検の目的を理解することができたか。

【練習問題の解答】

1．第1節参照

2．第4節参照

第3章　機械・設備

第1節　作業点の安全化

> **学習のねらい**
> ここでは，作業点における災害防止のための一般的な措置について学ぶ。

学習の手びき（省略）

第2節　動力伝導装置の安全化

> **学習のねらい**
> ここでは，動力伝導装置の安全化についてその留意事項を学ぶ。

学習の手びき（省略）

第3節　工作機械作業の安全化

> **学習のねらい**
> ここでは，工作機械の安全な使い方について学ぶ。

学習の手びき（省略）

第3章の学習のまとめ

(1) 作業点における災害防止について理解することができたか。
(2) 工作機械作業での安全化について理解することができたか。

【練習問題の解答】

1．第1節参照

1．第3節参照

第4章 手工具

第1節 手工具の管理

学習のねらい

ここでは，つぎのことがらについて学ぶ。
(1) 手工具の管理と保管
(2) 手工具を使用しているときの管理

学習の手びき

手工具の管理および保管の良否は，作業時の能率に影響を及ぼすので，これらの管理方法についてよく理解すること。

第2節 手工具類の運搬

学習のねらい（省略）

学習の手びき（省略）

第4章の学習のまとめ

手工具の管理と安全について十分理解することができたか。

【練習問題の解答】

1．第1節1.1，1.2参照
2．第2節参照

第5章 電　気

第1節　感電の危険性

> **学習のねらい**
>
> ここでは，つぎのことがらについて学ぶ。
> (1) 感電した際，人体に流れる電流値
> (2) 人体に電流が流れた場合
> (3) 電流が人体に流れたときの通電経路

学習の手びき

感電による災害を防止するため，その危険性とメカニズムについてよく理解すること。

第2節　感電災害の防止対策

> **学習のねらい**
>
> ここでは，つぎのことがらについて学ぶ。
> (1) 電気設備面の安全対策
> (2) 電気作業における安全対策
> (3) その他の留意事項

学習の手びき

教科書で示した留意事項をよく理解すること。

第5章の学習のまとめ

感電災害の防止についてよく理解することができたか。

【練習問題の解答】
1．第2節2.1参照
2．第2節2.2参照

第6章　墜落災害の防止

第1節　高所作業での墜落防止

> **学習のねらい**
> ここでは，高所作業の際に墜落を防止するための留意事項について学ぶ。

学習の手びき（省略）

第2節　開口部への墜落の防止

第3節　低い位置からの墜落防止

学習のねらい（省略）

学習の手びき（省略）

第6章の学習のまとめ

高所作業での墜落防止についてよく理解することができたか。

【練習問題の解答】
1．第1節参照
2．第2節参照

第7章 運　　搬

第1節　人力，道具を用いた運搬作業

学習のねらい

ここでは，つぎのことがらについて学ぶ。
(1)　作業の際の物の持ち上げ方
(2)　人力による荷役運搬作業

学習の手びき

物の運搬における留意事項をよく理解すること。

第2節　機械による運搬作業

学習のねらい

ここでは，つぎのことがらについて学ぶ。
(1)　コンベヤによる運搬の際の留意事項
(2)　構内における運搬車について
(3)　玉掛け用具

学習の手びき

物の運搬に関する留意事項をよく理解すること。

第7章の学習のまとめ

運搬災害の防止についてよく理解することができたか。

【練習問題の解答】
1．第1節1.1参照
2．第2節2.2参照

第8章 原材料

第1節 危険物

学習のねらい

ここでは，つぎのことがらについて学ぶ。
(1) 危険物の定義
(2) 危険物による爆発・火災の防止について
(3) 災害時の避難の心得

学習の手びき（省略）

第2節 有害物

学習のねらい（省略）

学習の手びき（省略）

第8章の学習のまとめ

危険物・有害物の取扱いの安全についてよく理解することができたか。

【練習問題の解答】

1. 第1節1.2参照

第9章　安全装置・有害物抑制装置

　第1節　安全装置・有害物抑制装置

　第2節　安全装置・有害物抑制装置の留意事項

学習のねらい（省略）
学習の手びき（省略）

第9章の学習のまとめ
　安全装置・有害物抑制装置の正常な作動の重要性についてよく理解することができたか。

第10章　作業手順

第1節　作業手順の意義と必要性

学習のねらい（省略）

学習の手びき（省略）

第2節　作業手順の定め方

学習のねらい

ここでは、つぎのことがらについて学ぶ。
(1)　作業手順の作成にあたって
(2)　作業の分析

学習の手びき（省略）

第10章の学習のまとめ

作業手順の作り方について十分理解することができたか。

【練習問題の解答】

1．職場の安全化とは、誰一人災害を起こさないように、また災害を受けないように設備や環境の安全化を図るとともに、設備、機械、工具を取り扱う過程で作業者が正しい作業方法で作業をするように、その作業効作の順序を示したものが、作業手順である。

第11章　作業開始時の点検

第1節　安全点検一般

第2節　法定点検

　「学習のねらい」，「学習の手びき」は省略する。それぞれの職場において安全点検の仕方等についてよく研究すること。

第11章の学習のまとめ
　作業開始時の点検の方法と点検内容について十分理解することができたか。

【練習問題の解答】
1．第1節参照

第12章　業務上疾病の原因とその予防

学習の目標
　業務上疾病にはどんなものがあるか，また何に起因しているかを知る。その上で，その防止対策について考える。

　　　　　　　　第1節　有害光線

　　　　　　　　第2節　騒　　音

　　　　　　　　第3節　振　　動

　　　　　　　　第4節　有害ガス・蒸気

　　　　　　　　第5節　粉じん

> **学習のねらい**
> 　それぞれの節にあげた要因による災害の種類とその防止対策について学ぶ。

学習の手びき
　各職場において，災害の発生する要因のあるものについては，各自その防止対策について日ごろからよく研究しておくこと。

第12章の学習のまとめ
　業務上疾病の原因とその予防について十分理解することができたか。

第13章　整理整とん，清潔の保持

第1節　整理整とんの目的

> **学習のねらい**
> ここでは，整理整とんを実行すれば，職場でどんな利点があるかを学ぶ。

学習の手びき（省略）

第2節　整理整とんの要領

> **学習のねらい**
> ここでは，整理整とんを行う際の要領について学ぶ。

学習の手びき（省略）

第3節　清潔の保持

学習のねらい（省略）

学習の手びき（省略）

第13章の学習のまとめ

整理整とんの利点について十分理解することができたか。

第14章　事故等における応急措置および退避

第1節　一般的な措置

学習のねらい

ここでは，つぎのことがらについて学ぶ。
(1) 異常事態の発生について
(2) 異常事態発生時の措置

学習の手びき（省略）

第2節　退　避

学習のねらい（省略）

学習の手びき（省略）

第14章の学習のまとめ

異常事態が発生した場合の措置について十分理解することができたか。

【練習問題の解答】

1．第1節1.1参照

第15章　労働安全衛生法と関係法令

第1節　総　則

― 学習のねらい ―

ここでは，つぎのことがらについて学ぶ。

(1)　機械加工作業の安全に関する法令にはどのようなものがあるか。

(2)　労働安全衛生法の目的を把握する。

学習の手びき

各自法令集等を読んで理解を深めること。

第2節　作業主任者

― 学習のねらい ―

ここでは，つぎのことがらについて学ぶ。

(1)　作業主任者に関する規定

(2)　作業主任者の行う業務

学習の手びき（省略）

第3節　労働災害を防止するための措置

学習のねらい

ここでは，つぎのことがらについて学ぶ。
(1) 労働災害を防止するための事業者の講ずべき措置
(2) 労働者の責務

学習の手びき

　労働災害をなくすためには，事業者・労働者ともに定められた責務を完全に守ることが必要である。法令を読み，よく理解すること。

第4節　安全衛生教育

学習のねらい

　ここでは，安全衛生教育のうち，雇入れ時の教育および特別教育の必要な業務について学ぶ。

学習の手びき（省略）

第5節　就業制限

学習のねらい

ここでは，就業制限のあるものについてつぎのことがらを学ぶ。
(1) 免許を必要とするもの
(2) 技能講習の修了を必要とするもの

学習の手びき（省略）

第6節　健　康　管　理

> **学習のねらい**
>
> ここでは，労働者の健康管理のための健康診断について学ぶ。

学習の手びき（省略）

第15章の学習のまとめ

労働安全衛生法にどのようなことが定められているかを十分理解することができたか。

【選択】旋盤加工法

指　導　書

〔選択〕旋盤加工法

学習の目標

ここでは，旋盤加工法の詳細な知識について学習する。

すでに共通教科書第1編において，工作機械の一般的な事項および各種工作機械について，その種類や用途を学び，旋盤についても種類，用途，主要部分の名称や構造などを，一般的知識として理解し，また切削工具についても同様に学習したのであるが，本編では旋盤加工について，より専門的に詳細な学習をしようとするものである。

したがって，本編はつぎの各章に分けて学習する。

第1章　旋盤の種類，構造，機能および用途
第2章　切削工具の種類および用途
第3章　切削加工

これらの各章は相互に関連があるばかりでなく，共通教科書第1編の各章とも関連があるので，対照しながら学習する必要がある。また本編は実技を行うために必要な知識であるから，本編で学習したことを実技に応用あるいは実験したり，実技で疑問を抱いたことを考えるときの知識として活用するとよい。

第1章　旋盤の種類，構造，機能および用途

学習する過程における関連事項

本章では旋盤で作業を行ううえで必要なつぎのような事項について学習する。

第1章	関連事項
第1節　各種の旋盤の特徴および用途	第1編第1章第2節，2.1旋盤
第2節　旋盤の主要装置の構造および機能	第1編第1章第1節工作機械一般および第2節1.1旋盤

第1節　各種の旋盤の特徴および用途

> **学習のねらい**
>
> 　ここでは，共通教科書第1編第1章の旋盤の項で学習したところの復習のようなところで，各種の旋盤の特徴と用途について学習する。

学習の手びき

　教科書の内容についてよく理解すること。

第2節　旋盤の主要装置の構造および機能

> **学習のねらい**
>
> 　この節は重要なところである。
> 　まず主軸の駆動装置，ついで送り装置，その応用例としてのねじ切り作業，切削工具の取付け装置について学習する。
> 　ついで定寸装置，ならい装置，自動装置をはじめ数値制御装置の特長とプログラミングの実際について学習する。

学習の手びき

　教科書の内容についてよく理解すること。

第3節　旋盤の精度検査および運転検査

> **学習のねらい**
>
> ここでは，なぜ精度検査や運転検査を必要とするのかを理解したうえで，JIS に基づく精度検査および運転検査の方法を学習する。
> また旋盤作業における精度不良の原因とその対策については，現場での経験あるいは実験を通じて十分に理解する必要がある。

学習の手びき

教科書の内容についてよく理解すること。

第4節　旋盤に使用される治工具等の種類，用途および取扱い

> **学習のねらい**
>
> この節ではチャック，振れ止め，センタ等の旋盤付属具と，両センタ作業用の回し板，ドッグ，マンドレル，イケール等の工作物の取付け具をはじめ，切削工具の取付け具，タレット旋盤作業には欠かせないツーリング用工具などについて学習する。

学習の手びき

教科書の内容についてよく理解すること。

第1章の学習のまとめ

この章では旋盤についての詳細な知識について学習したのであるが，つぎのことがらについて十分に理解できたかをまとめてみる。

(1) 各種旋盤の特徴と用途
(2) 主軸駆動装置をはじめとする旋盤の主要部の構造とその操作法
(3) 定寸装置，ならい装置，自動装置および数値制御装置の原理，構造およびその取扱い法

(4) 旋盤の精度検査および運転検査の方法と許容される誤差
(5) 旋盤作業における精度不良の原因とその対策
(6) 旋盤付属具,治工具の種類と用途

【練習問題の解答】

1. 第1節参照
2. 第2節2.7.3参照
3. 第3節3.2参照
4. 第3節3.5表1－17参照
5. 第4節4.1.2参照
6. 第4節4.3.2参照

第2章　切削工具の種類および用途

学習する過程における関連事項

本章を学習するに当たり，つぎに示す事項はそれぞれ関連があるので，相互に対照しながら学習すると深く理解することができる。

第2章	関連事項
第2節　切削工具材料	第1編第2章第1節1.2バイトの材料
第3節　バイト	第1編第2章第1節1.1バイト一般

第1節　金属材料の被削性

―― 学習のねらい ――

　ここでは，被削性とはどのようなことで，金属材料のうち炭素鋼，快削鋼，合金鋼，鋳鉄，ＡｌおよびＡｌ合金，ＣｕおよびＣｕ合金の被削性を学習するが，特に炭素鋼については，化学成分や組織，硬度，展延性，熱処理による影響を理解する必要がある。

学習の手びき

教科書の内容について十分理解すること。

第2節　切削工具材料

―― 学習のねらい ――

　ここでは，切削工具材料として必要な条件にはどのようなことがあるかを理解したうえで，高速度工具鋼，超硬合金，コーティング，サーメット　セラミック，超高圧焼結体の種類，特徴および用途を理解する必要がある。

学習の手びき

教科書の内容についてよく理解すること。

第3節　バイト

> **学習のねらい**
>
> この節ではつぎのことがらについて十分理解すること。
> (1)　バイト分類
> (2)　バイト各部の名称
> (3)　バイト各部が切削におよぼす影響
> (4)　バイトのJIS
>
> なおこれらのバイトは，その使用に当たっては本編第3章の切削加工におけるいろいろな条件によっても，使用方法や選択基準が変化するので注意を要する。

学習の手びき
教科書により内容を十分理解すること。

第4節　リーマ

第5節　タップおよびダイス

第6節　チェーザ

第7節　ナール

> **学習のねらい**
>
> 　これらの各節は，それぞれの切削工具について，その種類および使用上の注意などについて学習する。

学習の手びき
教科書により内容を十分理解すること。

第2章の学習のまとめ

この章では，旋盤用切削工具の種類と用途について学習したが，つぎのことがらについて十分に理解できたかをまとめてみる。

(1) 金属材料とくに鋼の被削性
(2) 切削工具用材料の種類と特徴
(3) バイトの分類
(4) バイト各部の名称，角度と切削条件との関係
(5) 高速度鋼バイト，超硬合金バイトとスローアウェイチップのJIS
(6) リーマの種類および使用法
(7) タップおよびダイスの種類および使用法
(8) チェーザの形状と用途
(9) ナール（ローレット）の形状と使用法

【練習問題の解答】
(1) ×　(2) ○　(3) ×　(4) ○　(5) ×　(6) ○　(7) ×　(8) ○　(9) ×　(10) ○

第3章 切削加工

第1節 加工法の分類と切削加工

学習のねらい

この節では加工法にはどのような種類があるか，また，切削加工とはどのようなことかについて学ぶ。

学習の手びき

教科書の内容についてよく理解すること。

第2節 切削理論

学習のねらい

ここでは，旋盤による切削加工の特性を理解して，最適な切削条件とは，どのように設定するかを知るために，切削理論について，とくに次のことがらについて学ぶ。

(1) 旋盤の切削加工における運動にはどのようなものがあるか。
(2) 旋盤において，最適な切削条件を求めるために，切削速度，送り，切込みについて知る。
(3) 切削加工で生成される切りくずにはどのような種類があるか。
(4) 構成刃先の発生と防止
(5) 切削表面の粗さはどのような因子によって影響されるか。
(6) 切削抵抗とは何か，主成分，背分力，送り分力とは何か。
(7) 切削温度と切削速度の関係
(8) 切削工具の摩耗と種類
(9) バイトの寿命の判定
(10) 各種工具材料の切削速度と寿命の関係

学習の手びき

教科書の内容についてよく理解すること。

第2章の学習のまとめ

この章では，旋盤による切削加工法と最適な切削条件を理論的に学習したが，つぎのことがらが十分に理解できたかをまとめてみる。

(1) 切削加工とは何か。
(2) 旋盤の切削加工
(3) 最適切削条件とは。
(4) 切りくずの種類
(5) 構成刃先
(6) 切削表面の粗さ
(7) 切削抵抗
(8) 切削温度
(9) 切削工具の摩耗
(10) バイトの寿命
(11) 切削速度と寿命

【練習問題の解答】

1．(1) 主運動；刃物の切れ刃が加工物を切削する運動で，旋盤では主軸の回転運動である。
　　(2) 送り運動；加工物を順次切削するために工具の切れ刃を移動させる運動で，旋盤では主軸が1回転する間に移動する送り運動である。
　　(3) 位置決め運動；加工物の寸法を決めるための位置決め運動で，切込みである。

2．$100 \text{m}/\text{min} \times 1000 \div 100 \div 3.14 = 318.5 \text{rpm}$

3．$0.5 \text{mm}/\text{rev} \times 318.5 = 159.3 \text{mm}/\text{min}$

4．$(100 - 80) \div 5 = 4$ 回

5．$130 \sim 210 \text{m}/\text{min} \fallingdotseq 170 \text{m}/\text{min}$　（教科書表3－4　各種工具材料の切削条件より）
　　$170 \times 1000 \div 100 \div 3.14 = 541.4 \text{rpm}$
　　$0.25 \sim 0.4 \text{mm}/\text{rev} \fallingdotseq 0.33 \text{mm}/\text{rev}$　（教科書表3－4より）

$0.33 \times 541.4 = 178.7 \mathrm{mm/min}$

6. (1) 流れ形；切りくずがバイトのすくい面にそって斜め上方に向かって，連続的に発生する。流れ出るように見えるので，このようにいう。
   (2) せん断形；せん断角でせん断されて離れ，ある間隔ごとに深いくびれのある一様でない切りくず。
   (3) 裂断形；切りくずがバイトのすくい面にそって流れなくて，刃先が加工物をむしりとるように発生する。
   (4) き裂形；切削時ほとんど塑性変形を起こさずに，表面からはがれるように，刃先前方にき裂を生じながら切りくずが生成される。鋳鉄などのようなもろい被削材を切削する場合に生成される。

7. 切削時に，工具のすくい面に切りくずの一部が付着し，層状に凝着し，硬い組織となり，切れ刃のかわりに切削するようになる，これをいう。
   軟銅，黄銅，ステンレス，アルミニウムなどのように延性に富んだ被削材に発生しやすく，また，被削材の材質と親和性の高い工具材質であると発生しやすい。

8. 送りが小さいほど一般的に仕上げ面粗さはよくなる。また，工具先端部コーナ半径が大きいほど仕上げ面粗さはよくなる。しかし，コーナ半径が大き過ぎるとびびりが発生しやすく，仕上げ面粗さは悪くなる。

9. (1) 主分力；主軸の回転をさまたげる力で，3分力でもっとも大きく，主軸動力を消費させる。
   (2) 背分力；工具を切込み方向から押しもどそうとする力で，すくい角を大きくすると小さくなる。
   (3) 送り分力；送り方向と反対方向へ工具をもどそうとする力で，切削工具の横切れ刃角が小さいほど小さくなる。

10. 切削温度は，切削速度が大きくなると上昇する。これは，高速切削になるほど切りくずの摩擦による発熱が大きくなるからである。

11. (1) 逃げ面摩耗；前逃げ面，横逃げ面にできるごく小さなチッピングの集積。
    (2) すくい面摩耗；すくい面にできるクレータ。切りくずとすくい面の摩擦によって発生する。

12. (1) 切削速度；遅いときすくい面摩耗が浅く，速いときは深い。
    (2) 送り；大きいとすくい面摩耗は幅が大きく，深さも深い。

　　　　　　逃げ面摩耗は逆に送りを大きくすると，小さくなる。送りを小さくすると逃
　　　　　げ面をこすらせて，摩耗させる。
13. (1) 逃げ面摩耗幅による判定；摩耗幅が0.4mmをこえるとき寿命とする。
　　(2) すくい面摩耗深さによる判定；深さが0.05〜0.1mmとなるときを寿命とする。
14. $V \times T^n = C$, 　　$\log V = -n \times \log T + \log C$
　　V：切削速度（m／min）　　T：寿命　C, n：定数
　　両対数のグラフでは直線関係となる。

【選択】フライス盤加工法

指　導　書

〔選択〕フライス盤加工法

学習の目標

フライス盤は旋盤とともに，応用範囲の広い工作機械である。したがってその種類も多く，付属装置や治工具の活用は，フライス盤作業にあっては欠かせない大切なことがらである。本編では，次の各章を学習する。

第1章 フライス盤の種類，用途，構造および機能
第2章 切削工具の種類および用途
第3章 切削加工

しかしこれらの学習に当たっては，共通教科書第1編の工作機械加工一般の各章と，密接な関連があるので，この指導書の各章ごとに関連事項をあげておくので，それにしたがって共通教科書第1編を復習しながら本編を学習すると，一層理解を深めることができる。

第1章 フライス盤の種類，用途，構造および機能

学習する過程における関連事項

第1章	関連事項
第1節 フライス盤の種類，用途，構造および機能	第1編 第1章第1節および第2節
第2節 フライス盤主要部の構造および機能	第1編 第1章第2節2.2フライス盤
第3節 フライス盤の精度検査および運転検査	第1編 第7章 工作測定の方法
第4節 フライス盤に使用される治工具等の種類，用途および取扱い	第1編 第6章 ジグ，取付け具

〔選択〕フライス盤加工法

第1節 フライス盤の種類，用途，構造および機能

── 学習のねらい ──

ここでは，つぎのことがらについて学ぶ。
(1) 各種フライス盤の特徴は，それぞれどのようなところにあるのか。
(2) 特にはん用機であるひざ形横フライス盤，万能フライス盤および立フライス盤の特徴と用途はどのように違うか。
(3) ベッド形フライス盤とひざ形フライス盤の構造および用途の違いはどこか。
(4) その他のフライス盤の用途
(5) ならいフライス盤と数値制御フライス盤およびプログラムコントロールフライス盤の特徴

学習の手びき

教科書の内容についてよく理解すること。

第2節 フライス盤主要部の構造および機能

── 学習のねらい ──

ここでは，つぎのことがらについて学ぶ。
(1) フライス盤の主軸駆動装置の特徴
(2) フライス盤の送り機構とバックラッシの影響およびバックラッシの除去方法
(3) 上向き削りと下向き削りの相違点
(4) モノレバー方式について
(5) 切削工具の取付け装置の種類
(6) フライス盤付属装置の中の割出し台，および割出し作業，サーキュラテーブル，万力，アングルプレート，万能フライス装置，立削り装置，バーチカルアタッチメントおよび寸法読取り装置などについて，その構造，特徴，用途

学習の手びき

教科書の内容についてよく理解すること。

第3節　フライス盤の精度検査および運転検査

学習のねらい

ここでは，つぎのことがらについて学ぶ。
(1)　なぜ検査をしなければならないか。
(2)　JIS の工作機械の試験方法通則について，工作機械の試験に関する共通事項
(3)　フライス盤の検査方法

学習の手びき

教科書の内容についてよく理解すること。

第4節　フライス盤に使用される治工具等の種類，用途および取扱い

学習のねらい

ここでは，つぎのことがらについて学ぶ。
(1)　フライス盤に使われる治工具にはどのようなものがあって，どのように使うか。
(2)　フライス盤作業を行うときの注意事項
(3)　フライス盤作業における不良原因

学習の手びき

教科書の内容についてよく理解すること。

第1章の学習のまとめ

この章ではフライス盤の種類,用途,構造等について学習したが,つぎのことがらについて十分に理解できたかをまとめてみる。

(1) フライス盤が他の工作機械と比較して,工作機械の中で重要な位置にあること。
(2) フライス盤の種類と特徴および用途
(3) フライス盤の主要部の構造と機能
(4) フライス盤の付属装置の特徴と使い方
(5) フライス盤の検査方法
(6) フライス盤作業における注意事項と,不良の原因について

【練習問題の解答】

1.第1節1.1および1.2参照
2.第1節1.3.1参照
3.第2節2.1参照
4.第2節2.3.1参照
5.第3節3.2参照
6.第4節4.2参照

第2章　切削工具の種類および用途

学習する過程における関連事項

本章を学習するに当たり，つぎに示す事項はそれぞれ関連があるので，相互に対照しながら学習すると深く理解することができる。

第2章	関連事項
第2節　切削工具材料	第1編第2章第2節2.2フライスの材料
第3節　フライス	第1編第2章第2節2.1フライス一般

第1節　金属材料の被削性

学習のねらい

ここでは被削性とはどのようなことで，金属材料のうち炭素鋼，快削鋼，合金鋼，鋳鉄，AlおよびAl合金，CuおよびCu合金の被削性を学習するが，特に炭素鋼については，化学成分や組織，硬度，展延性，熱処理による影響を理解する必要がある。

学習の手びき

教科書の内容について理解すること。

第2節　切削工具材料

学習のねらい

ここでは切削工具材料として必要な条件にはどのようなことがあるかを理解したうえで，高速度工具鋼，超硬合金，コーティング，サーメット，セラミック，超高圧焼結体の種類，特徴および用途を理解する必要がある。

学習の手びき

教科書の内容についてよく理解すること。

第3節　フライス

> **学習のねらい**
>
> この節では，つぎのことがらについて十分理解すること。
> (1) フライス盤の切削加工の特徴と種類，およびフライス盤用工具の分類
> (2) フライス盤工具各部の名称
> (3) 工具各部が切削に及ぼす影響
> (4) フライス盤工具の規格と標準化

学習の手びき

教科書の内容についてよく理解すること。

第4節　リーマ

第5節　タップおよびダイス

> **学習のねらい**
>
> これらの各節では，それぞれの切削工具について，その種類および使用上の注意などについて学習する。

学習の手びき

教科書の内容についてよく理解すること。

第2章の学習のまとめ

この章ではフライス盤用切削工具の種類と用途について学習したが，つぎのことがらについて十分に理解できたかをまとめてみる。

(1) 金属材料とくに鋼の被削性
(2) 切削工具用材料の種類と特徴
(3) フライス盤用工具の分類
(4) フライス盤工具各部の名称
(5) 工具各部が切削に及ぼす影響，特に各種角度の影響
(6) フライス盤工具の規格と標準化
(7) リーマの種類および使用法
(8) タップおよびダイスの種類および使用法

【練習問題の解答】

(1) × (2) ○ (3) × (4) ○ (5) × (6) ○ (7) × (8) ○ (9) × (10) ○

第3章　切削加工

第1節　加工法の分類と切削加工

学習のねらい

　この節では，加工法にはどのような種類があるか，また，切削加工とはどんなことかについて学ぶ。

学習の手びき

教科書の内容についてよく理解すること。

第2節　切削理論

学習のねらい

　この節では，フライス盤による切削加工の特徴を理解して，最適な切削条件とは，どのように設定するかを知るために，切削理論について，とくにつぎのことがらについて学ぶ。
(1)　フライスの切削機構として，上向き削りと下向き削りとはどのようなものか。
(2)　最適なフライス切削の切削条件を求めるために，切削速度，送り，切込みエンゲージ角およびディスエンゲージ角，刃数について知る。
(3)　切削加工で生成される切りくずにはどのような種類があるか。
(4)　構成刃先の発生と防止
(5)　切削表面の粗さはどのような因子によって影響されるか。
(6)　切削抵抗とは何か。切削抵抗と上向き削り，下向き削りの関係
(7)　切削温度と切削速度の関係
(8)　切削工具の摩耗の種類
(9)　フライスの寿命の判定方法
(10)　各種工具材料の切削速度と寿命の関係

学習の手びき

教科書の内容についてよく理解すること。

第3章の学習のまとめ

この章では、フライス盤による切削加工法と最適な切削条件を理論的に学習したが、つぎのことがらが十分に理解できたかをまとめてみる。

(1) 切削加工とは何か
(2) フライスの切削機構
(3) 最適切削条件とは。
(4) 切りくずの種類
(5) 構成刃先
(6) 切削表面の粗さ
(7) 切削抵抗
(8) 切削温度
(9) 切削工具の摩耗
(10) フライスの寿命
(11) 切削速度と寿命

【練習問題の解答】

1. (1) 上向き削り　被削材をフライスの回転方向と逆向きに送る切削で、切りくずが、ゼロからはじまり徐々に厚くなってゆく、切削力は被削材をテーブルから引き起こす方向に加わるので強固な取付けが必要である。

   (2) 下向き削り　被削材をフライスの回転方向に送る切削で、切りくずが、一番厚い状態からはじまり、ゼロで終る。仕上げ面は、上向きよりよくなり取付けは上向きほど強固でなくてよい。

2. $25 \times 1000 \div 125 \div 3.14 = 63.7$ rpm

3. $63.7 \times 5 \times 0.35 = 111.5$ mm/min

4. 5〜6 mm　寿命と経済性を考えてきめる。

5. $30 \times 1000 \div 100 \div 3.14 = 95.5$ rpm

   $95.5 \times 4 \times 0.35 = 133.7$ mm/min

6．(1) 流れ形；切りくずがバイトのすい面にそって斜め上方に向かって，連続的に発生する。流れ出るように見えるので，このようにいう。
　　(2) せん断形；せん断角でせん断されて離れ，ある間隔ごとに深いくびれのある一様でない切りくず。
　　(3) 裂断形；切りくずがバイトのすくい面にそって流れなくて，刃先が加工物をむしりとるように発生する。
　　(4) き裂形；切削時ほとんど塑性変形を起こさずに，表面からはがれるように，刃先前方にき裂を生じながら切りくずが生成される。鋳鉄などのようなもろい被削性を切削する場合に生成される。

7．切削時に，工具のすくい面に切りくずの一部が付着し，層状にたい積凝着したもので，非常にかたい組織となり，切れ刃のかわりに切削するようになる。これを構成刃先という。

　　軟鋼，黄銅，ステンレス，アルミニウムなどのように延性に富んだ被削材に発生しやすく，また，被削材の材質と親和性の高い工具材質であると発生しやすい。

8．送りが小さいほど一般的に仕上げ面粗さはよくなる。また，工具先端部コーナ半径が大きいほど仕上げ面粗さはよくなる。しかし，コーナ半径が大きすぎるとびびりが発生しやすく，仕上げ面粗さは低下する。

9．教科書図3－19参照

10．切削温度は，切削速度が大きくなると，上昇する。これは，高速切削になるほど切りくずの摩擦による発熱が大きくなるからである。

11．(1) 逃げ面摩耗；前逃げ面，横逃げ面にできるごく小さなチッピングの集積
　　(2) すくい面摩耗；すくい面にできるクレータで，切りくずとすくい面の摩擦によって発生する。

12. (1) 切削速度；遅いときすくい面摩耗が浅く，速いときは深い。
    (2) 送り；大きいとすくい面摩耗は幅が大きく，深さも深い。
        逃げ面摩耗は逆に送りを大きくすると，小さくなる。送りを小さくすると逃げ面をこすらせて，摩耗させる。
13. 逃げ面摩耗とチッピングによって行われる。超硬フライスでは 0.3〜0.5mm，精密加工で0.1mm以下としている。
14. $V \times T^n = C$, $\log V = -n \times \log T + \log C$
    V：切削速度（m／min）　T：寿命　C, n：定数
    両対数のグラフでは，直線関係となる。

二級技能士コース	
機械加工科〔共通・選択〕指導書	

| 平成 5 年10月30日 | 初版発行 |
| 平成13年 5 月25日 | 7 刷発行 |

編集者	雇用・能力開発機構
	職業能力開発総合大学校 能力開発研究センター
発行者	財団法人 職業訓練教材研究会
	東京都新宿区戸山1-15-10　電話　03（3202）5671

編者・発行者の許諾なくして，本教科書に関する自習書・解説書もしくはこれに類するものの発行を禁ずる。